石油和化学工业HSE丛书

华安HSE问答

第一册

综合安全

李　威 ◎ 主编

韩红玉　　张延斌　　唐怀祥 ◎ 副主编

HEALTH SAFETY
ENVIRONMENT

U0367226

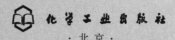

化学工业出版社

·北京·

内容简介

"石油和化学工业HSE丛书"由中国石油和化学工业联合会安全生产办公室组织编写,是一套为石油化工行业从业者倾力打造的专业知识宝典,分为华安HSE问答综合安全、工艺安全、设备安全、电仪安全、储运安全、消防应急6个分册,共约1000个热点、难点问题。本综合安全分册精心布局8章,甄选225个热点问题,全面覆盖了安全领导力、安全生产责任制,安全生产合规性管理,安全培训和能力建设,重大危险源管理,作业许可、特殊作业及承包商管理,风险隐患排查,职业卫生以及环保安全等关键领域。通过深入浅出的问答解析,为石油化工行业的HSE体系建设与企业日常管理提供了切实可行的全方位解决方案。

无论是石油化工一线生产和管理人员、设计人员,还是政府及化工园区监管人员,都能从这套丛书中获取有价值的专业知识与科学指导,以此赋能安全管理升级,护航行业行稳致远。

图书在版编目(CIP)数据

华安HSE问答. 第一册,综合安全 / 李威主编;韩红玉,张延斌,唐怀祥副主编. --北京 : 化学工业出版社,2025. 5(2025. 7 重印). --(石油和化学工业HSE丛书). -- ISBN 978-7-122-47687-6

Ⅰ. TE687-44

中国国家版本馆CIP数据核字第2025TG1966号

责任编辑: 张 艳 宋湘玲 装帧设计: 王晓宇
责任校对: 宋 夏

出版发行: 化学工业出版社
 (北京市东城区青年湖南街13号 邮政编码100011)
印 装: 北京云浩印刷有限责任公司
710mm×1000mm 1/16 印张13¼ 字数193千字
2025年7月北京第1版第2次印刷

购书咨询: 010-64518888 售后服务: 010-64518899
网 址: http://www.cip.com.cn
凡购买本书,如有缺损质量问题,本社销售中心负责调换。

定 价: 98.00元 版权所有 违者必究

"石油和化学工业 HSE 丛书"编委会

本分册编写人员名单

主　编：李　威

副主编：韩红玉　张延斌　唐怀祥

编写人员（按姓名汉语拼音排序）：

卜凡森	陈　涛	陈天航	董继光	窦鸿涛	冯磊奇
耿会广	郭振清	韩红玉	何才银	侯莉萍	侯伟国
黄德雷	贾海东	焦安浩	焦明庆	金　龙	靳　杰
黎　剑	李博扬	李长胜	李红霞	李俊锋	李　宁
李　庆	李庆东	李　威	李伟敏	李文彦	李占军
蔺　菠	刘广东	刘红玲	刘　伟	刘玉德	刘志刚
吕中庆	闵晓松	牛晋生	秦　锋	秦建成	邵　磊
沈　冰	宋鹏飞	孙　辰	孙璐璐	孙庆轩	唐怀祥
陶国利	田　野	汪学猛	王殿明	王东梅	王　强
王瑞兵	王　伟	王伟明	王延庆	王　勇	王振欧
吴智兵	校康明	徐宁静	许立鸿	薛景奎	杨宏磊
姚柏宇	殷日祥	余联勇	于　宁	张　彬	张　铎
张　杰	张立新	张　朋	张圣龙	张小春	张小军
张小涛	张延斌	章　萍	赵富春	赵元魁	周鸿力
周立杰	周艳广	周玉婷	朱格义		

在全面建设社会主义现代化国家的新征程上，习近平总书记始终将安全生产作为民生之本、发展之基、治国之要。党的二十大报告明确指出"统筹发展和安全"，为新时代石油化工行业安全生产工作指明了根本方向。

当前我国石化行业正处于转型升级的关键期，面对世界百年未有之大变局，安全生产工作肩负着新的历史使命。一方面，行业规模持续扩大、技术迭代加速带来新风险挑战；另一方面，人民群众对安全发展的期盼更加强烈，党中央对安全生产的监管要求更加严格。这要求我们必须以习近平新时代中国特色社会主义思想为指导，深入贯彻落实党的二十大精神，把党的领导贯穿安全生产全过程，以党建引领筑牢行业安全发展根基。

中国石油和化学工业联合会作为行业的引领者，始终以高度的使命感和责任感，将"推动行业 HSE 自律"作为首要任务，积极引导行业践行责任关怀。我们深刻认识到，提升行业整体安全管理水平，不仅是我们义不容辞的重要职责，更是我们对社会、对广大从业者应尽的庄严责任。

多年来，我们在行业自律与公益服务方面持续发力，积极搭建交流平台，组织各类公益培训与研讨会，凝聚行业力量，共同应对安全挑战。我们致力于传播先进的安全理念和管理经验，推动企业间的互帮互助与共同进步。同时，我们积极组织制定行业标准规范，引导企业自觉遵守安全法规，提升自律意识。

为了更好地服务行业，我们组织专家团队，历时五年精心打造了"石油和化学工业 HSE 丛书"。该丛书涵盖 6 个专业分册，覆盖石油化工各领域热点、难点和共性问题，通过系统、全面且深入的解答，为行业提供了极具价值的参考。

这套丛书是中国石油和化学工业联合会在引导行业安全发展方面的重要里程碑式成果，也是众多专家多年智慧与心血的璀璨结晶。它不仅能够切实帮助从业者提升专业素养，增强应对安全问题的能力，也必将有力推动行业整体安全管理水平实现质的飞跃。

　　新时代赋予新使命，新征程呼唤新担当。希望全行业以丛书出版为契机，充分发掘和利用这套丛书的价值，深入学习贯彻习近平总书记关于安全生产的重要指示精神，坚持用党的创新理论武装头脑，把党的领导落实到安全生产各环节。让我们以"时时放心不下"的责任感守牢安全底线，以"永远在路上"的坚韧执着提升安全管理水平，共同谱写石化行业安全发展新篇章，为建设世界一流石化产业体系、保障国家能源安全作出新的更大贡献！

中国石油和化学工业联合会党委书记、会长

李寿鹏

2025 年 5 月 4 日

在石油和化学工业的发展进程中,安全生产始终是悬于头顶的达摩克利斯之剑,关乎着行业的兴衰成败,更与无数从业者的生命福祉紧密相连。

近年来,随着社会对安全问题的关注度达到空前高度,安全监管力度也在持续强化。在这一背景下,化工作为高危行业,承受着巨大的安全管理压力。各类安全检查密集开展,安全标准如潮水般不断涌现,行业企业应接不暇,更面临诸多困惑与挑战。尤其是在安全检查的实际执行过程中,专家队伍专业能力参差不齐,对安全标准理解和执行存在差异,导致检查效果大打折扣,引发了一系列争议,也在一定程度上影响了正常的生产经营活动。

中国石油和化学工业联合会安全生产办公室肩负着推动行业安全生产进步的重要使命,始终密切关注行业企业的诉求。自 2020 年起,我们积极搭建交流平台,依托 HSE 专家库组建了"华安 HSE 智库"微信群,汇聚了来自行业内的 7000 余位专家精英。大家围绕 HSE 领域的热点、难点及共性问题,定期开展线上研讨交流,在思维的碰撞与交融中,不断探寻解决问题的有效途径。

专家们将研讨成果精心梳理、提炼,以"华安 HSE 问答"的形式在中国石油和化学工业职合会安全生产办公室微信公众号上发布,至今已推出230 多期。这些问答以其深刻的技术内涵和强大的实用性,受到了行业内的广泛赞誉,为从业者提供了宝贵的参考和指引。然而,随着时间的推移和行业的快速发展,这些问答逐渐暴露出内容较为分散,缺乏系统性的知识架构,检索和学习不便以及部分法规标准滞后等问题。

为紧密契合石油和化学工业蓬勃发展的需求,我们精心组建了一支阵容强大、经验丰富的专家团队。经过长达五年的精雕细琢,正式推出"石油和化学工业 HSE 丛书"。这套丛书共分为 6 个分册,涵盖了综合安全、工艺安全、设备安全、电仪安全、储运安全以及消防应急各个专业安全层面,是行业内众多资深专家潜心研究的智慧结晶,不仅反映了当今石油化工安全领域的最新理论成果与良好实践,更填补了国内石化安全系统化知识库的空白,开创了"问题导向—实战解析—标准迭代"的新型知识生产模式。丛书采用问答形式,内容简明扼要、依据充分;实用性强、查阅便捷。既可作为企业主要负责人、安全管理人员的案头工具书,也可为现场操作人员提供"即查即用"的操作指南,对当前石油化工安全管理实践具有重要指导意义。

其中,本综合安全分册作为丛书的核心组成部分,精心布局 8 章,甄选 225 个热点问题,全面覆盖了安全领导力、安全生产责任制,安全生产合规性管理,安全培训和能力建设,重大危险源管理,作业许可、特殊作业及承包商管理,风险隐患排查,职业卫生以及环保安全等关键领域。通过深入浅出的问答解析,为石油化工行业的 HSE 体系建设与企业日常管理提供了切实可行的全方位解决方案。

本丛书亮点突出,特色鲜明:一是严格遵循"三管三必须"原则,深度聚焦安全专业建设与专业安全管理,以系统性的阐述推动全员安全生产责任制的全面落实。从石油化工领域的基础原理到复杂工艺,从常规设备到特殊装置,内容全面且系统,几乎涵盖了石油化工各专业可能面临的安全问题,为安全生产提供全方位的技术支撑。二是具备极强的实用性。紧密贴合石油化工行业实际工作需求,精准直击日常工作中的痛点与难点,以通俗易懂的语言答疑解惑,让从业者能够轻松理解并运用到实际操作中,切实提升安全管理与操作执行水平。三是充分反映行业最新监管要求、标准规范以及实践经验,为读者提供最前沿、最可靠的安全知识。

我们坚信,"石油和化学工业 HSE 丛书"的出版,将为石油化工行业的安全生产管理注入新的活力,助力大家提升专业素养和实践能力。同时,由于编者学识所限,书中难免存在疏漏与不当之处,我们真诚地希望行业内的专家和广大读者能够对本书提出宝贵的意见和建议,以便我们不断完善和改进。

最后，向所有参与本丛书编写、审核和出版工作的人员表示衷心的感谢。正是因为他们的辛勤付出和无私奉献，这套丛书才得以顺利与大家见面。我们期待着本丛书能够成为广大石油化工领域从业者的良师益友，在行业安全发展的道路上发挥重要的灯塔引领作用，为推动石油和化学工业的安全、可持续发展贡献力量。

编写组

2025 年 3 月

免责声明

　　本书系中国石油和化学工业联合会HSE智库专家日常研讨成果的总结。书中所有问题的解答仅代表专家个人观点，与任何监管部门立场无关。

　　书中所引用的标准条款，是基于专家的日常工作经验及对标准的理解整理而成，旨在为使用者日常工作提供参考。鉴于实际工作场景的多样性与复杂性，使用者应依据具体情况，审慎选择适用条款。

　　需特别注意的是，相关标准与政策处于持续更新变化之中，使用者务必选用最新版本的法规标准，以确保工作的合规性与准确性。

　　本书最终解释权归中国石油和化学工业联合会安全生产办公室所有。中国石油和化学工业联合会对任何机构或个人因引用本书内容而产生的一切责任与风险，均不承担任何法律责任。

目录 CONTENTS

HSE

HEALTH SAFETY
ENVIRONMENT

?

第一章

安全领导力、安全生产责任制

卓越安全领导力领航，压实安全生产责任制根基，筑牢安全发展之堤。

——华安

问 1 生产经营单位的主要负责人是谁？

答： 根据《生产经营单位安全培训规定》（国家安全监管总局令第3号，第80号修正）第三十二条 生产经营单位主要负责人是指有限责任公司或者股份有限公司的董事长、总经理，其他生产经营单位的厂长、经理、（矿务局）局长、矿长（含实际控制人）等。

生产经营单位的主要负责人必须是生产经营单位开展生产经营活动的实际领导、具有最终决定权的人员。

问 2 一个人是否可以同时担任多家危险化学品企业的法定代表人，负责多家企业的安全生产工作？

答： 一个人可以担任多家危险化学品企业的法定代表人（简称法人），一个投资人可以设立多家不同形式的公司。

◀ **参考** 《中华人民共和国安全生产法释义》（中国法制出版社，2021.6）

生产经营单位的主要负责人是本单位工作的主要决策者和决定者，只有主要负责人真正做到全面负责，才能搞好安全生产工作。生产经营单位的法定代表人和实际控制人同为安全生产第一责任人。在一般情况下，企业法定代表人由董事长或总经理担任，也是企业实际控制人。但是，一些企业特别是一些中小企业的法定代表人背后往往另有实际控制人，他们对企业的重大事项有最终的决策权。

主要负责人必须是生产经营单位开展生产经营活动的主要决策人，享有本单位生产经营活动包括安全生产事项的最终决定权，全面领导生产经营活动。

如这个人对多家企业均能满足《中华人民共和国安全生产法释义》中关于主要负责人的职责要求，能够对多家企业的安全生产负责，履行主要负责人的职责，则符合现行的要求。如这个人无法履行主要负责人的职责，则需要按照分管范围内相关的安全生产工作负责的规定。

问 3 分管安全的副总与安全总监的职责关系是什么？

具体问题： 安全总监协助副总，但没有审批权，比如安环部业务审批权等？出安全事故，安全总监担责吗？

答： 从问题可知前提为"安全总监协助副总"，明确说明了安全总监应当按照岗位职责，协助单位副总经理做好单位安全管理工作。对于安全工作审批权限应由企业根据岗位设定及职责划分来明确安全总监管理职责及分管权限。一旦出了安全事故，需按事故责任来担责，安全总监也不例外。

具体参考以下几个方面：

‹ **参考1** 《中华人民共和国安全生产法》（主席令〔2021〕第88号修正）

第三条　安全生产工作实行管行业必须管安全、管业务必须管安全、管生产经营必须管安全。

企业可以设置专职安全生产分管负责人，协助本单位主要负责人履行安全生产管理职责。专职安全生产分管负责人可以是分管安全的副总，也可以是安全总监。有的企业是安全总监协助分管安全副总的组织架构模式，规定了需履行的职责。企业安全总监应带领安全生产管理机构及安全生产管理人员协助企业主要负责人或安全负责人履行安全生产职责。

‹ **参考2** 部分地方应急管理部门对于企业安全总监的选拔任命和履行职责方面有一些明确的规定值得借鉴：

（1）根据《山东省生产经营单位安全总监制度实施办法（试行）》的有关内容，已经明确了安全总监应当具备的7项基本条件和12项工作职责，规定了安全总监应当被免职的5种情形。明确安全总监协助本单位主要负责人履行安全生产管理职责，专项分管本单位安全生产管理工作，其他负责人负责职责范围内的安全生产工作。

（2）根据《江苏省政府办公厅关于在省内重点行业领域试行安全总监制度的通知》有关内容，安全总监直接对企业主要负责人负责，落实有关安全生产法律法规，履行企业安全生产主体责任。同时企业结合实际选拔安全总监，发文任命并报具有安全生产监督管理职能的主管部门。

所以企业要根据国家与属地要求设置安全总监，不管是分管安全的副总还是安全总监模式，都应切实执行"三管三必须"规定，尽责履职。

小结： 对于安全工作审批权限应由企业根据岗位设定及职责划分来明确安全总监安全管理职责及分管权限。出了安全事故，按相应的责任来担责。

问 **4** 同一套领导班子管理下属多个法人公司，下属法人公司共设置1套安全管理机构是否符合要求？

答： 不符合要求。

> **参考1** 企业法人是指具有符合国家法律规定的资金数额、企业名称、章程、组织机构、住所等法定条件，能够独立承担民事责任，经主管机关（工商部门）核准登记取得法人资格的社会经济组织。企业法人依法独立享有民事权利和承担民事义务，与组成企业法人的成员相互独立。

> **参考2** 《中华人民共和国安全生产法》（主席令〔2021〕第88号修正）

第二十四条 矿山、金属冶炼、建筑施工、运输单位和危险物品的生产、经营、储存、装卸单位，应当设置安全生产管理机构或者配备专职安全生产管理人员。

前款规定以外的其他生产经营单位，从业人员超过一百人的，应当设置安全生产管理机构或者配备专职安全生产管理人员；从业人员在一百人以下的，应当配备专职或者兼职的安全生产管理人员。

小结： 同一套领导班子管理下属多个法人公司，应按照《中华人民共和国安全生产法》的要求，各法人公司单独设置安全管理机构以及配备安全生产管理人员。

问 **5** 危险化学品存储经营企业将储存经营场所（带储存设备设施）出租给其他企业，出租方和承租方应承担哪些安全责任？

答： > **参考** 《中华人民共和国安全生产法》（主席令〔2021〕第88号修正）

第四十九条 生产经营单位不得将生产经营项目、场所、设备发包或者出租给不具备安全生产条件或者相应资质的单位或者个人。

生产经营项目、场所发包或者出租给其他单位的，生产经营单位应当与承包单位、承租单位签订专门的安全生产管理协议，或者在承包合同、租赁合同中约定各自的安全生产管理职责；生产经营单位对承包单位、承租单位的安全生产工作统一协调、管理，定期进行安全检查，发现安全问题的，应当及时督促整改。

问 6　安全总监可以兼职安全部部长吗？专职安全生产管理人员是否包含安全总监？

答： 安全总监的主要工作是协助主要负责人履行安全生产管理职责并专项分管本单位安全生产管理工作。专职安全生产管理人员是指在生产经营单位中专门负责安全生产管理工作，不再兼任其他工作的人员。

目前没有文件明确安全总监是否可以兼职安全部部长，具体需咨询当地安全监管部门。

安全总监如仅仅负责安全工作，可以认定为专职安全生产管理人员。如在负责安全工作外，还需要对环保、职业病防护等进行管理，则不属于专职安全生产管理人员。

小结： 安全总监是否可以兼职安全部部长具体可咨询属地安全监管部门。是否属于专职安全生产管理人员主要参照其职责分工，如专职负责安全管理，可视为专职安全生产管理人员。

问 7　生产经营单位安全生产管理人员包括哪些人员？

答： 生产经营单位安全生产管理人员是指生产经营单位分管安全生产的负责人、安全生产管理机构负责人及其管理人员，以及未设安全生产管理机构的生产经营单位专、兼职安全生产管理人员等。

参考1 《中华人民共和国安全生产法释义》（中国法制出版社，2021.6）

生产经营单位的安全生产管理人员是直接、具体承担本单位日常的安全生产管理工作的人员。总经理是主要负责人，是本单位安全生产第一责任人（需持主要负责人安全培训合格证），分管安全的副总或安全总监、安全部门经理、专职安全生产管理人员均属于安全生产管理人员（需持安全生产管理人员培训合格证）。企业管理人员，通常由企业根据生产经营特点及岗位设置情况定义。安全生产管理人员是企业管理人员的组成部分。除安全工作外，分管其他业务的副总、其他部门经理及主管属于管理人员，不属于安全生产管理人员。

◁ **参考 2**　《生产经营单位安全培训规定》（国家安全监管总局令第 3 号，第 80 号修正）

第三十二条　生产经营单位安全生产管理人员是指生产经营单位分管安全生产的负责人、安全生产管理机构负责人及其管理人员，以及未设安全生产管理机构的生产经营单位专、兼职安全生产管理人员等。

问 **8**　《中华人民共和国安全生产法》中的安全生产管理人员是否包括工艺技术员、设备技术员、设备经理、工艺经理？

答：《中华人民共和国安全生产法释义》（中国法制出版社，2021.6）

生产经营单位的安全生产管理人员是直接、具体承担本单位日常的安全生产管理工作的人员。分管安全的副总或安全总监、安全部门经理、专职安全生产管理人员均属于安全生产管理人员（需持安全生产管理人员培训合格证）。工艺技术员、设备技术员、设备经理、工艺经理是由企业根据生产经营需要设置的其他从业人员，如兼职安全管理工作，则属于兼职安全生产管理人员，不属于专职安全生产管理人员。

问 **9**　新聘安全员任职多长时间内需要办理安全生产管理人员资格证？

答：《生产经营单位安全培训规定》（国家安全监管总局令第 3 号，第 80 号修正）

第二十四条　煤矿、非煤矿山、危险化学品、烟花爆竹、金属冶炼等生产经营单位主要负责人和安全生产管理人员，自任职之日起 6 个月内，必须经安全生产监管监察部门对其安全生产知识和管理能力考核合格。

小结：新聘安全员任职 6 个月内需取证。

问 **10**　从事化工行业约 10 年的具有教育学专业背景的安全管理员，能否作危险化学品生产企业主管生产安全的领导？

答：从事化工行业约 10 年的具有教育学专业背景的安全管理员，不满足作危险化学品生产企业主管生产安全的领导条件。

> **参考** 《关于全面加强危险化学品安全生产工作的意见》（中共中央办公厅 国务院办公厅印发，厅字〔2020〕3号）

第十一条 危险化学品生产企业主要负责人、分管安全生产负责人必须具有化工类专业大专及以上学历和一定实践经验，专职安全生产管理人员要具备中级及以上化工专业技术职称或化工安全类注册安全工程师资格，新招一线岗位从业人员必须具有化工职业教育背景或普通高中及以上学历并接受危险化学品安全培训，经考核合格后方能上岗。

小结： 从事化工行业约10年的具有教育学专业背景的专职安全生产管理人员，不满足成为危险化学品生产企业主管生产安全的领导的条件，取得化工类专业大专及以上学历的除外。

问 **11** 是否可以将安全管理部设置为安全与环境保护部？

答： 企业可以视实际运营需要单独设置安全管理部或安全与环境保护部（简称安环部），如中央企业按照国资委要求根据类别设置；其他企业属地有特殊要求参照属地管理。

> **参考1** 《中华人民共和国安全生产法》（主席令〔2021〕第88号修正）

第二十四条 矿山、金属冶炼、建筑施工、运输单位和危险物品的生产、经营、储存、装卸单位，应当设置安全生产管理机构或者配备专职安全生产管理人员。前款规定以外的其他生产经营单位，从业人员超过一百人的，应当设置安全生产管理机构或者配备专职安全生产管理人员；从业人员在一百人以下的，应当配备专职或兼职的安全生产管理人员。

> **参考2** 《中央企业安全生产监督管理办法》（国务院国有资产监督管理委员会令第44号）

第九条 中央企业必须建立健全安全生产的组织机构，包括：

（一）安全生产工作的领导机构——安全生产委员会，负责统一领导本企业的安全生产工作，研究决策企业安全生产的重大问题。安委会主任应当由企业安全生产第一责任人担任。安委会应当建立工作制度和例会制度。

（二）与企业生产经营相适应的安全生产监督管理机构。

第一类企业应当设置负责安全生产监督管理工作的独立职能部门。

第二类企业应当在有关职能部门中设置负责安全生产监督管理工作的内部专业机构；安全生产任务较重的企业应当设置负责安全生产监督管理工作的独立职能部门。

第三类企业应当明确有关职能部门负责安全生产监督管理工作，配备专职安全生产监督管理人员；安全生产任务较重的企业应当在有关职能部门中设置负责安全生产监督管理工作的内部专业机构。

参考 3 应急管理部官方回复

您好，根据全国人大常委会法工委与应急管理部共同编写的《中华人民共和国安全生产法释义》（中国法制出版社，2021.6）中相关内容，生产经营单位的从业人员，是指该单位从事生产经营活动各项工作的所有人员，包括管理人员、技术人员和各岗位的工人，也包括生产经营单位临时聘用的人员和被派遣劳动者。安全生产管理机构是指生产经营单位内部设立的专门负责安全生产管理事务的独立部门。政策法规司，2021-07-29

小结： 企业可以将安全管理部设置为安环部，但应设置负责安全管理工作的单独科室，且专职的安全生产管理人员需满足要求。如属地有特殊要求，参照属地要求管理。

问 **12** 生产经营单位的安全管理机构履行的是管理职责还是监督职责？

答： 生产经营单位安全管理机构应当履行管理和监督双重职责。

参考 《中华人民共和国安全生产法》（主席令〔2021〕第 88 号修正）及释义

第二十二条 生产经营单位的安全生产责任制应当明确各岗位的责任人员、责任范围和考核标准等内容。生产经营单位应当建立相应的机制，加强对全员安全生产责任制落实情况的监督考核，保证全员安全生产责任制的落实。

条文释义 主要负责人对全员安全生产责任制落实情况全面负责，安全生产管理机构负责全员安全生产责任制的监督和考核工作。生产经营单位应当建立完善全员安全生产责任制监督、考核、奖惩的相关制度，明确安全生产管理机构和人事、财务等相关职能部门的职责。

第二十五条　生产经营单位的安全生产管理机构以及安全生产管理人员履行下列职责：

（一）组织或者参与拟订本单位安全生产规章制度、操作规程和生产安全事故应急救援预案；

（二）组织或者参与本单位安全生产教育和培训，如实记录安全生产教育和培训情况；

（三）组织开展危险源辨识和评估，督促落实本单位重大危险源的安全管理措施；

（四）组织或者参与本单位应急救援演练；

（五）检查本单位的安全生产状况，及时排查生产安全事故隐患，提出改进安全生产管理的建议；

（六）制止和纠正违章指挥、强令冒险作业、违反操作规程的行为。

小结： 生产经营单位安全管理机构应当履行管理和监督双重职责。

问 13 安全生产责任制考核是在责任制里面制定考核细则还是依据管理制度考核？

答： 结合实际出发，关于安全生产责任制考核，在责任制里面制定考核细则或者"依管理制度考核"均可，只是其形式的不同表现而已。重点应该关注的是怎么进行考核，由谁来进行考核，能否考核到位，制定的考核细则应适用于自身公司实际。

（1）企业全员安全生产责任制考核情况包括：是否建立了企业全员安全生产责任制考核制度，是否将企业全员安全生产责任制度考核贯彻落实到位等。

（2）企业主要负责人要建立安全生产责任制绩效评估考核体系，充分发挥安全生产绩效评估考核，通过奖罚全面落实的安全责任制。

小结： 目前没有文件对此有明确规定，企业根据实际情况确定即可。安全生产责任制考核是在责任制里面制定考核细则还是依据管理制度考核并不重要，重要的是企业在相应的制度内制定完善的安全生产责任制考核细则，并能落实下去，这样才能发挥考核指挥导向棒的作用。

问 14 建立齐全的安全生产责任制包括哪些内容？

答： 可参考国务院安委会办公室印发的《关于全面加强企业全员安全生产责任制工作的通知》相关内容：

二、建立健全企业全员安全生产责任制

（三）依法依规制定完善企业全员安全生产责任制。企业主要负责人负责建立、健全企业的全员安全生产责任制。企业要按照《中华人民共和国安全生产法》《中华人民共和国职业病防治法》等法律法规规定，参照《企业安全生产标准化基本规范》（GB/T 33000—2016）和《企业安全生产责任体系五落实五到位规定》（安监总办〔2015〕27号）等有关要求，结合企业自身实际，明确从主要负责人到一线从业人员（含劳务派遣人员、实习学生等）的安全生产责任、责任范围和考核标准。安全生产责任制应覆盖本企业所有组织和岗位，其责任内容、范围、考核标准要简明扼要、清晰明确、便于操作、适时更新。企业一线从业人员的安全生产责任制，要力求通俗易懂。

（四）加强企业全员安全生产责任制公示。企业要在适当位置对全员安全生产责任制进行长期公示。公示的内容主要包括：所有层级、所有岗位的安全生产责任、安全生产责任范围、安全生产责任考核标准等。

（五）加强企业全员安全生产责任制教育培训。企业主要负责人要指定专人组织制定并实施本企业全员安全生产教育和培训计划。企业要将全员安全生产责任制教育培训工作纳入安全生产年度培训计划，通过自行组织或委托具备安全培训条件的中介服务机构等实施。要通过教育培训，提升所有从业人员的安全技能，培养良好的安全习惯。要建立健全教育培训档案，如实记录安全生产教育和培训情况。

（六）加强落实企业全员安全生产责任制的考核管理。企业要建立健全安全生产责任制管理考核制度，对全员安全生产责任制落实情况进行考核管理。要健全激励约束机制，通过奖励主动落实、全面落实责任，惩处不落实责任、部分落实责任，不断激发全员参与安全生产工作的积极性和主动性，形成良好的安全文化氛围。

三、加强对企业全员安全生产责任制的监督检查

（七）明确对企业全员安全生产责任制监督检查的主要内容。地方各级

负有安全生产监督管理职责的部门要按照"管行业必须管安全、管业务必须管安全、管生产经营必须管安全"和"谁主管、谁负责"的要求，切实履行安全生产监督管理职责，加强对企业建立和落实全员安全生产责任制工作的指导督促和监督检查。监督检查的内容主要包括：

1. 企业全员安全生产责任制建立情况。包括：是否建立了涵盖所有层级和所有岗位的安全生产责任制；是否明确了安全生产责任范围；是否认真贯彻执行《企业安全生产责任体系五落实五到位》等。

2. 企业安全生产责任制公示情况。包括：是否在适当位置进行了公示；相关的安全生产责任制内容是否符合要求等。

3. 企业全员安全生产责任制教育培训情况。包括：是否制定了培训计划、方案；是否按照规定对所有岗位从业人员（含劳务派遣人员、实习学生等）进行了安全生产责任制教育培训；是否如实记录相关教育培训情况等。

4. 企业全员安全生产责任制考核情况。包括：是否建立了企业全员安全生产责任制考核制度；是否将企业全员安全生产责任制度考核贯彻落实到位等。

同时，部分地方政府相关监管部门也出台了相关的要求，可参照地方政府要求细化。

小结：可参考国务院安委会办公室印发的《关于全面加强企业全员安全生产责任制工作的通知》以及地方政府关于企业建立全员安全生产责任制的要求。

问 15 班组交接班必须有管理人员参加吗？

答：对于单纯的班组交接班，没有规定必须有管理人员参加。对于企业自身来讲，管理人员是否必须参加取决于企业内部的管理要求。如果基于企业自身的管理运营明确要求管理人员参加交接班，管理人员应按要求参加；如果企业内部没有相关制度规定，那管理人员可以视情况参加。

如果班组交接班时有班组安全活动时，则管理人员应参加。

< **参考** 《国家安全监管总局关于印发危险化学品从业单位安全生产标准化评审标准的通知》（安监总管三〔2011〕93号）

企业负责人应每季度至少参加1次班组安全活动，车间负责人及其管

理人员每月至少参加 2 次班组安全活动，并在班组安全活动记录上签字。

小结： 结合企业实际需要以及交接班具体内容来确定企业管理人员是否需要参加班组交接班。

问 16 人力资源部、财务部、后勤部等部门领导可以去车间值班吗？

答： 不建议人力资源部、财务部、后勤部等部门领导单独去车间值班。

> **参考** 《关于危险化学品企业贯彻落实〈国务院关于进一步加强企业安全生产工作的通知〉的实施意见》（安监总管三〔2010〕186 号）

第四条　建立和严格执行领导干部带班制度

企业要建立领导带班制度，带班领导负责指挥企业重大异常生产情况和突发事件的应急处置，抽查企业各项制度的执行情况，保障企业的连续安全生产，企业副总工程师以上领导干部要轮流带班。生产车间也要建立由管理人员参加的车间值班制度。要切实加强企业夜间和节假日值班工作，及时报告和处理异常情况和突发事件。

小结： 领导干部带班是针对生产业务部门的领导，带班领导需对安全、工艺、生产、设备、技术等熟悉，能够及时发现并应急处置异常生产情况和突发事件。人力资源部、财务部、后勤部等非生产业务部门领导，不建议独立值班，但可以配合业务部门值班，参与公司值班工作。

问 17 危险化学品企业配备专职安全生产管理人员的人数依据哪个文件？

答： 危险化学品企业（简称"危化企业"）专职安全生产管理人员配备标准具体可参考国家安全监管总局与工业和信息化部联合印发的《关于危险化学品企业贯彻落实〈国务院关于进一步加强企业安全生产工作的通知〉的实施意见》以及应急管理部印发的《危险化学品企业重点人员安全资质达标导则（试行）》等文件。

> **参考 1** 《关于危险化学品企业贯彻落实〈国务院关于进一步加强企业

安全生产工作的通知〉的实施意见》（安监总管三〔2010〕186号）

第三条　企业要设置安全生产管理机构或配备专职安全生产管理人员。安全生产管理机构要具备相对独立职能。专职安全生产管理人员应不少于企业员工总数的2%（不足50人的企业至少配备1人），要具备化工或安全管理相关专业中专以上学历，有从事化工生产相关工作2年以上经历，取得安全生产管理人员资格证书。

> **‹ 参考2**　《危险化学品企业重点人员安全资质达标导则（试行）》（应急危化二〔2021〕1号）

附件2.2.3　有生产实体或储存设施构成重大危险源的危险化学品企业，具备条件的专职安全生产管理人员需达到以下数量：

a）从业人员不足50人的，至少1名；

b）从业人员50人及以上不足100人的，至少2名；

c）从业人员超过100人的，不低于从业人员总数2%。

2.4　危险化学品企业从业人员在300人以上的，专职安全生产管理人员中化工安全类注册安全工程师的比例不得低于15%，且至少应当配备1名。

问 18　工贸企业安全生产管理人员未取证是否属于重大隐患？

答：若工贸企业属于冶炼企业，则安全生产管理人员未按照规定经考核合格属于重大隐患。

> **‹ 参考**　冶金企业属于工贸企业，根据《工贸企业重大事故隐患判定标准》（应急管理部令第10号）第三条工贸企业有下列情形之一的，应当判定为重大事故隐患：
>
> （三）金属冶炼企业主要负责人、安全生产管理人员未按照规定经考核合格的。

小结：金属冶炼企业安全生产管理人员未取证属于重大隐患。

问 19　企业岗位人员人数是否有规定要求？

答：目前针对某些特殊作业、特殊时段、特殊工艺存在岗位人员人数的规定，比如重点监管化工工艺等。

 参考1 《危险化学品企业安全风险隐患排查治理导则》（应急〔2019〕78号）

附件 关于风险管理的要求：企业应对厂区内人员密集场所及可能存在的较大风险进行排查。

① 试生产投料期间，区域内不得有施工作业；

② 涉及硝化、加氢、氟化、氯化等重点监管化工工艺及其他反应工艺危险度2级及以上的生产车间（区域），同一时间现场操作人员控制在3人以下；

③ 系统性检修时，同一作业平台或同一受限空间内不得超过9人；

④ 装置出现泄漏等异常状况时，严格控制现场人员数量。

 参考2 《化工企业生产过程异常工况安全处置准则（试行）》（应急厅〔2024〕17号）

4.2 现场处置人员最少化

4.2.1 当现场情况不明时，在未进行安全风险评估并未采取安全防护措施的情况下，任何人不得进入现场。初步确定现场可进入后，最多2人佩戴必要的防护装备、报警仪及相关安全工具后进入现场进一步侦查情况。

4.2.3 现场处置时，同一部位原则上不得进行交叉作业，同装置区内一般不得超过2人，最多不得超过6人。

 参考3 《国务院安委办关于辽宁省盘锦浩业化工有限公司"1·15"重大爆炸着火事故的通报》

加强作业现场管理，从严控制作业现场人数。对涉及易燃易爆、剧毒物料的运行装置进行检维修作业时，作业风险区域原则上不超过6人。

 参考4 《危险化学品生产建设项目安全风险防控指南（试行）》（应急〔2022〕52号）

第7.3.13条 （3）涉及硝化、加氢、氯化、氟化、重氮化、过氧化等反应工艺危险度在3级及以上的生产车间（区域），同一时间现场操作人员不得超过3人。生产车间内采用符合抗爆设计的防爆墙分隔的，可按照不同区域处理。

（4）涉及易燃易爆、毒性气体、毒性粉尘、爆炸性粉尘的作业现场或厂房的最大人数（包括交接班时）不得超过9人。

> **参考5** 《国家安全监管总局关于加强精细化工反应安全风险评估工作的指导意见》（安监总管三〔2017〕1号）

第6.6条 措施建议：对于反应工艺危险度达到5级并必须实施产业化的项目，在设计时，应设置在防爆墙隔离的独立空间中，并设置完善的超压泄爆设施，实现全面自控，除装置安全技术规程和岗位操作规程中对于进入隔离区有明确规定的，反应过程中操作人员不应进入所限制的空间内。

小结： 目前针对某些特殊作业、特殊时段、特殊工艺存在岗位人员人数的规定，如江苏省和四川省等部分地区也有自己的一些规定，企业里不同区域不同岗位，对岗位的在岗人数要求有不同。建议根据岗位实际，根据相应文件规范要求进行合理配置。

问 20 安全绩效考核指标有哪些？如何对安全绩效分类？

答： 安全绩效考核指标主要包含安全生产责任制考核和年度安全生产目标考核。

安全生产责任制考核主要指企业按照安全生产责任制以及其考核细则，结合高层管理人员、职能部门、车间等的安全生产责任制对该部门、车间、班组、岗位、员工进行逐级考核。

安全生产目标考核是根据企业的年度安全生产目标，将目标任务指标分解到各职能部门车间、班组、岗位等，企业应层层签订安全生产责任状，年底根据目标完成情况进行考核和奖惩。

安全绩效分类主要可按照伤亡人数、事故起数、死亡事故率、损工伤亡率、损失工时率、总可记录事故率等，分为事故结果性和事故预防过程控制性指标。

> **参考1** 《中华人民共和国安全生产法》（主席令〔2021〕第88号修正）

第二十二条 生产经营单位的全员安全生产责任制应当明确各岗位的责任人员、责任范围和考核标准等内容。生产经营单位应当建立相应的机制，加强对全员安全生产责任制落实情况的监督考核，保证全员安全生产责任制的落实。

> **参考2** 《安监总局关于印发危险化学品从业单位安全生产标准化评审

标准的通知》（安监总管三〔2011〕93号）

2.1 方针目标

1）标准化要求：企业应签订各级组织的安全目标责任书，确定量化的年度安全工作目标，并予以考核。企业各级组织应制定年度安全工作计划，以保证年度安全工作目标的有效完成。

2）企业达标标准：将企业年度安全目标分解到各级组织（包括各个管理部门、车间、班组），签订安全生产目标责任书；定期考核安全生产目标完成情况；企业及各级组织应制定切实可行的年度安全生产工作计划。

参考3 《化工过程安全管理导则》（AQ/T 3034—2022）

4.20.4.2 企业应明确安全管理各要素的过程性指标和目标并纳入绩效考核。过程性指标包括培训完成率、隐患整改完成率、隐患检查按计划完成率，正确执行的变更率、设备按计划检测率等。

4.20.4.3 企业的安全生产结果性绩效指标应包括绝对指标和相对指标。绝对指标主要包括伤亡人数、事故起数等；相对指标主要包括死亡率、死亡事故率、损工伤亡率、损失工时率、总可记录事故率等。

参考4 石化联合会团体标准《石油和化工行业职业健康、安全和环境绩效指标及计算方法》

该标准给出了详细的HSE绩效指标分类分级、定义、计算公式、判定标准等。

小结： 安全绩效考核指标主要包含安全生产责任制考核和年度安全生产目标考核。企业安全管理各要素的过程性指标和目标、结果性绩效指标应纳入考核。安全生产结果性绩效指标应包括绝对指标和相对指标。

问 21 从法律层面讲，安全生产状况如何时企业会被关停整顿？应该由哪个部门来下发文件？

具体问题： 目前在生产过程中能够给企业提出停产整改建议的较多，如执法检查、日常检查，甚至专家指导服务、帮扶等等各种形式，到底什么情况下企业才被关停整顿呢？由谁来关？

答： 予以关闭的行政处罚，由负有安全生产监督管理职责的部门报请县级以上人民政府按照国务院规定的权限决定是否关停整顿，其余只是建议权。

‹ **参考1**　《中华人民共和国安全生产法》（主席令〔2021〕第88号修正）

第九十三条、九十四条、九十六条、九十八条等条款，列出了企业可能被责令停产停业整顿的各种违法违规情形。第一百一十三条列出负有安全生产监督管理职责的部门应当提请地方人民政府予以关闭，有关部门应当依法吊销其有关证照的情形。

责令企业停产停业整顿、予以关闭等应由应急管理部门和其他负有安全生产监督管理职责的部门提请县级以上人民政府按照国务院规定的权限决定。

‹ **参考2**　《危险化学品企业安全分类整治目录（2020年）》（应急〔2020〕84号）

《目录》作为对危险化学品企业安全实施分类整治的重要依据，分为：

1）暂扣或吊销安全生产许可证类（3个涉及重大隐患）；

2）停产停业整顿或暂时停产停业、停止使用相关设施设备类（14个涉及重大隐患）；

3）限期改正类（5个涉及重大隐患）。

‹ **参考3**　《应急管理行政处罚裁量权基准》（应急〔2024〕90号）明确了执法基准。

小结： 专家指导提出的建议，执法单位需综合考量是否达到法律法规确定的裁量基准，再予以下达。予以关闭的行政处罚，由负有安全生产监督管理职责的部门报请县级以上人民政府按照国务院规定的权限决定是否关停整顿。

对于危险化学品企业，停产整顿由应急管理部门下发文件。一般在执法检查时，根据现场的问题严重程度，依据《中华人民共和国安全生产法》《应急管理行政处罚裁量权基准》等下达停产整顿文件。

HSE

HEALTH SAFETY
ENVIRONMENT

第二章
安全生产合规性管理

严守法规红线，以合规性管理为纲，织密安全生产防护网。

——华安

问 **22** 《中华人民共和国安全生产法》有哪些亮点？

答： 2021 年《中华人民共和国安全生产法》（以下简称"新安法"）修订存在十大亮点。

亮点一：将"三必须"写入了法律。

新安法第三条第三款进一步明确了各方的安全生产责任，建立起了一套比较完善的责任体系。具体地说：管行业必须管安全，阐明安全生产不仅仅是应急管理部门的职责，行业主管部门同样负有所在行业的安全监督管理职责。管业务必须管安全，即除了企业的主要负责人是第一责任人外，其他的副职都要根据分管业务对安全生产工作负责。管生产经营必须管安全，即抓生产的同时必须兼顾安全，抓好安全，否则出了事故，管生产的也要担责。

亮点二：进一步明确了各部门的安全监督管理职能。

新安法第十条、第十七条明确：

1.交通运输、住房和城乡建设、水利、民航等有关部门在各自的职责范围内对相关行业、领域的安全生产工作实施监督管理；

2.新兴行业、领域由县级以上政府按照业务相近的原则确定监督管理部门；

3.相关部门要建立相互配合、齐抓共管、信息共享、资源共用，依法加强安全生产监督管理的工作机制；

4.安全生产权力和责任清单编制规定是此次新增加的条文，以防止有关部门推诿扯皮，压实相关部门责任。

亮点三：进一步压实了生产经营单位的安全生产主体责任。

1.建立全员安全生产责任制

新安法第二十二条、第一百零七条表明，生产经营单位的每一个岗位都是安全生产的责任主体，只有把生产经营单位全体员工的积极性和创造性调动起来，才能从整体上提升安全生产水平。

2.建立安全风险分级管控机制、重大事故隐患排查及报告制度

新安法第四十一条明确，生产经营单位应建立安全风险分级管控机制，定期组织开展风险辨识评估，严格落实分级管控措施，防止风险演变为安全事故。

隐患排查治理是《中华人民共和国安全生产法》已经确立的重要制度，

这次修改又补充增加了重大事故隐患排查治理情况要及时向有关部门报告的规定，目的是使生产经营单位在监管部门和本单位职工的双重监督之下，确保隐患排查治理到位。

亮点四：增加了生产经营单位对从业人员的人文关怀。

新安法第四十四条第二款，虽属于倡导性条款，没有对应法律责任，但也着实具有重大意义和现实需要。一个有社会责任感的企业，都会从人文关怀的角度，给每一位员工最大爱护。也只有员工身心健康，才会以饱满的精力投入工作，为单位乃至社会创造更大价值。

亮点五：对矿山项目建设外包、危险作业等做了针对性修改。

针对矿山安全生产，完善了两方面内容。

1. 新安法第四十九条第三款，规范了矿山建设项目外包施工管理。

2. 新安法第一百零一条第（三）项，严格了动火、临时用电等危险作业要求。在原来规定的爆破、吊装等作业基础上，这次增加了动火、临时用电作业时应当安排专门人员进行现场安全管理，确保操作规程的遵守和安全措施的落实。

亮点六：规定了安全生产的公益诉讼制度。

新安法第七十四条第二款，明确了有权提起安全生产公益诉讼的机关只能是人民检察院。提起安全生产公益诉讼的范围，可以是因安全生产违法行为造成的重大事故隐患或者导致的重大事故，致使国家利益或者社会公共利益受到侵害的。

对存在的重大事故隐患提起的公益诉讼，是预防性的，检察机关提起民事或行政公益诉讼，督促行政管理相对人消除事故隐患，或者督促行政机关履行法定职责。发生重大事故后提起公益诉讼，其诉讼请求应当是消除事故影响、赔偿因事故而造成的损失等。

亮点七：增加了违法行为的处罚范围。

新安法增加了很多须规制的违法行为。比如，第九十九条第（四）项，关闭、破坏直接关系生产安全的监控、报警、防护、救生设备、设施，或者篡改、隐瞒、销毁其相关数据、信息的；第（八）项，餐饮等行业的生产经营单位使用燃气未安装可燃气体报警装置的。

亮点八：加大对违法行为的惩处力度。

1. 增加了按日计罚制度

新安法第一百一十二条规定，生产经营单位违反本法规定，被责令改正且受到罚款处罚，拒不改正的，负有安全生产监督管理职责的部门可以自作出责令改正之日的次日起，按照原处罚数额按日连续处罚。进一步加大了安全生产违法成本。

2. 罚款的金额更高

新安法对相关违法行为普遍增加了罚款金额，其中，第一百一十四条规定，发生特别重大事故，情节特别严重、影响特别恶劣的，应急管理部门可以按照罚款数额的 2 倍以上 5 倍以下，对负有责任的生产经营单位处以罚款，最高可至 1 个亿。

3. 惩戒力度更大

根据新安法第九十二条规定，对第三方机构出具虚假报告等严重违法行为，一方面不仅处罚额度大幅增加；另一方面规定五年内不得从事相关工作，情节严重的，实行终身行业和职业禁入。

亮点九：高危行业的强制保险制度。

新安法第五十一条第二款、第一百零九条，明确高危行业必须投保安全生产责任保险，根据《中共中央　国务院关于推进安全生产领域改革发展的意见》，高危行业领域主要包括八大类行业：矿山、危险化学品、烟花爆竹、交通运输、建筑施工、民用爆炸物品、金属冶炼、渔业生产。安全生产责任保险的保障范围，不仅包括本企业的从业人员，还包括第三方的人员伤亡和财产损失，以及相关救援救护、事故鉴定、法律诉讼等费用。因此，投保安全生产责任保险是有效转移风险、及时消除事故损害的一种行之有效做法。

亮点十：增加了事故整改的评估制度。

新安法第八十六条第三款新增事故整改评估内容，根据安全生产领域的"海因里希法则"，在一件重大的事故背后必有 29 件轻度的事故，还有 300 件潜在的隐患。因此，实行事故整改和防范措施落实情况评估，是监督整改实效，防范事故再次发生的有力举措。

小结： 2021 年安全生产法修订存在十大亮点：一是将"三个必须"写入了法律；二是进一步明确了各部门的安全监督管理职能；三是进一步压实了生产经营单位的安全生产主体责任；四是增加了生产经营单位对从业人员的人文关怀；五是对矿山项目建设外包、危险作业等做了针对性修改；六是规定了安全生产的公益诉讼制度；七是增加了违法行为的处罚范围；

八是加大对违法行为的惩处力度；九是高危行业的强制保险制度；十是增加了事故整改的评估制度。

问 23　应急管理部提出的"一防三提升"指什么？

答："一防三提升"是指防范重大安全风险、提升本质安全水平、提升技能素质水平、提升智能化信息化水平。

> **参考** 应急管理部在 2022 年 2 月 15 日召开的 2 月例行新闻发布会上指出：《关于全面加强危险化学品安全生产工作的意见》出台两年来，应急管理部认真贯彻习近平总书记重要指示批示精神和党中央、国务院决策部署，将防范化解危险化学品安全风险作为重中之重，深入开展危险化学品安全专项整治三年行动，聚焦"一防三提升"（防范重大安全风险，提升本质安全水平、技能素质水平、信息化智能化管控水平），持续发力、攻坚克难，不断提升危险化学品安全生产水平。

问 24　中型规模以上企业如何划分？

答：可根据《统计上大中小微型企业划分办法（2017）》以及《中小企业划型标准规定》进行企业规模划分，规模以上企业按照前一年年报的主营业务收入来评定是否纳入规模以上工业企业名录。

> **参考1** 国家统计局《统计上大中小微型企业划分办法（2017）》（国统字〔2017〕213 号）

附表：统计上大中小微型企业划分标准。其中"农、林、牧、渔业"行业按营业收入来划分，建筑业按照营业收入或资产总额划分，其他行业按营业收入和从业人数两项指标来划分，需要注意的是大型、中型和小型企业须同时满足所列指标的下限，否则下划一档。

上述办法按照行业门类、大类、中类和组合类别，依据从业人员、营业收入、资产总额等指标或替代指标，将我国的企业划分为大型、中型、小型、微型四种类型。适用范围包括农、林、牧、渔业，采矿业，制造业，电力、热力、燃气及水生产和供应业，建筑业，批发和零售业，交通运输、仓储和邮政业，住宿和餐饮业，信息传输、软件和信息技术服务业，房地产业，租赁和商务服务业，科学研究和技术服务业，水利、环境和公共设施管理业，居民服务、修理和其他服务业，文化、体育和娱乐业共15个行业门类以及社会工作行业大类。

‹ 参考2 《中小企业划型标准规定》（工信部联企业〔2011〕300号）

第二条 中小企业划分为中型、小型、微型三种类型，具体标准根据企业从业人员、营业收入、资产总额等指标，结合行业特点制定。

上述规定适用的行业包括：农、林、牧、渔业，工业（包括采矿业，制造业，电力、热力、燃气及水生产和供应业），建筑业，批发业，零售业，交通运输业（不含铁路运输业），仓储业，邮政业，住宿业，餐饮业，信息传输业（包括电信、互联网和相关服务），软件和信息技术服务业，房地产开发经营，物业管理，租赁和商务服务业，其他未列明行业（包括科学研究和技术服务业，水利、环境和公共设施管理业，居民服务、修理和其他服务业，社会工作，文化、体育和娱乐业等）。

对于规模以上企业的划分，企业应按照前一年年报的主营业务收入来评定是否纳入规模以上工业企业名录。

问 25 什么是石油化工企业？什么是精细化工企业？什么是一般工贸企业？都分别对应什么监管部门？

答： 参考有关标准和规范，三类企业的定义如下：

（1）石油化工企业：以石油、天然气及其产品为原料，生产、储运各种石油化工产品的炼油厂、石油化工厂、石油化纤厂或其联合组成的工厂。

（2）精细化工企业：以基础化学工业生产的初级或次级化学品、生物质材料等为起始原料，进行深加工而制取具有特定功能、特定用途、小批量、多品种、附加值高和技术密集的精细化工产品的工厂。或《精细化工产品 分类》中的定义：以基础化学原料、化学制品或天然物质等为原料，经由化学、物理或生物技术的精密细致加工，制成的具有明确化学结构、特定配方组成或专用功能效果的化学制品（含专用化学品）。

（3）工贸企业：冶金、有色、建材、机械、轻工、纺织、烟草、商贸等行业企业，统称冶金等工贸企业。

三类企业的监管部门如下：石化企业、精细化工企业、工贸企业的划分一般情况下是根据生产所用的原料、最终产品及其用途来确定的。工贸行业的行业主管部门是属地商务部门，化工行业的行业主管部门是工信部。工贸和化工行业的安全监管部门是应急管理部。

‹ **参考1** 《石油化工企业设计防火标准》（GB 50160—2008，2018年版）第2.0.1条 术语 石油化工企业

‹ **参考2** 《精细化工企业工程设计防火标准》（GB 51283—2020）第2.0.1条 术语 精细化工企业

‹ **参考3** 《冶金有色建材机械轻工纺织烟草商贸行业安全监管分类标准（试行）》（应急厅〔2019〕17号）

‹ **参考4** 《国务院办公厅关于印发工业和信息化部主要职责内设机构和人员编制规定的通知》

三、内设机构（十一）原材料工业司。承担钢铁、有色、黄金、稀土、石化（不含炼油）、化工（不含煤制燃料和燃料乙醇）、建材等的行业管理工作。

‹ **参考5** 《中共中央办公厅 国务院办公厅关于调整应急管理部职责机构编制的通知》

应急管理部安全生产执法和工贸安全监督管理局承担冶金、有色、建材、机械、轻工、纺织、烟草、商贸等工贸行业安全生产基础和执法工作；拟订相关行业安全生产规程、标准，指导和监督相关行业生产经营单位安全生产标准化、安全预防控制体系建设等工作，依法监督检查其贯彻落实安全生产法律法规和标准情况。

小结： 石化企业、精细化工企业、工贸企业的划分一般情况下是根据生产所用的原料、最终产品及其用途来确定的。

工贸行业的行业主管部门是属地商务部门，化工行业的行业主管部门是工信部门，承担其行业监管责任，应急部门承担化工（含石油化工）、医药、危险化学品生产安全监督管理工作，依法监督检查相关行业生产单位贯彻落实安全生产法律法规和标准情况；指导非药品类易制毒化学品生产经营监督管理工作等。

问 26 危险化学品企业，危险化学品生产、经营、使用、储存、运输企业的定义是什么？包含哪些内容？

答： 有关定义及参考文件如下：

1. 危险化学品企业

> **参考** 《危险化学品安全管理条例》（国务院令第 344 号，第 645 号修正）第四条

生产、储存、使用、经营、运输危险化学品的单位（以下统称危险化学品单位）的主要负责人对本单位的危险化学品安全管理工作全面负责。

2. 危险化学品生产企业

> **参考** 《危险化学品生产企业安全生产许可证实施办法》（国家安全监管总局令第 41 号，第 89 号修正）第二条

本办法所称危险化学品生产企业，是指依法设立且取得工商营业执照或者工商核准文件，从事生产最终产品或者中间产品列入《危险化学品目录（2015 版）》的企业。

3. 危险化学品经营企业（带储存）

> **参考1** 《危险化学品经营许可证管理办法》（国家安全监管总局令第 55 号，第 79 号修正）

第二条 在中华人民共和国境内从事列入《危险化学品目录（2015 版）》的危险化学品的经营（包括仓储经营）活动，适用本办法。

> **参考2** 《关于危险化学品经营许可有关事项的通知》（安监总厅管三函〔2012〕179 号）

第五条 危险化学品的经营方式包括专门从事危险化学品仓储经营、带有储存设施经营危险化学品、不带有储存设施经营危险化学品等三种形式。

4. 危险化学品使用企业

> **参考** 《危险化学品安全使用许可证实施办法》（国家安全监管总局令第 57 号，第 89 号修正）

第二条 本办法适用于列入危险化学品安全使用许可行业目录、使用危险化学品从事生产并且达到危险化学品使用量的数量标准的化工企业

（危险化学品生产企业除外）。

5. 危险化学品储存企业

狭义的危险化学品储存企业，指本身不进行危险化学品的生产、经营、使用和运输，只是提供危险化学品的储存场所和设施的企业。

广义的危险化学品储存企业，包括危险化学品的生产企业、带仓储的危险化学品经营企业、取得危险化学品安全使用许可证的企业等。

> **参考1** 应急管理部危化监管二司 2022 年 4 月 1 日有关答复：从事危险化学品储存活动的企业即危险化学品（简称"危化品"）储存企业。

> **参考2** 《危险化学品生产储存企业安全风险评估诊断分级指南（试行）》（应急〔2018〕19 号）附件备注中定义："储存企业指带储存的经营企业。"

6. 危化品（危险货物）道路运输企业

依法取得危险货物道路运输经营许可的从事经营性危险货物道路运输的企业。

> **参考** 《危险货物道路运输企业安全生产责任制编写要求》（JT / T 913—2014）

第 3.1 条 危险货物道路运输企业：从事经营性危险货物道路运输的组织。

问 27 危险化学品建设项目的范围是什么？

答： 相关参考如下：

> **参考1** 《危险化学品建设项目安全监督管理办法》（国家安全监管总局令第 45 号，第 79 号修正）

第二条 危险化学品建设项目为在中华人民共和国境内新建、改建、扩建危险化学品生产、储存的建设项目以及伴有危险化学品产生的化工建设项目（包括危险化学品长输管道建设项目）。

> **参考2** 《危险化学品安全使用许可证实施办法》（国家安全监管总局令第 57 号，第 89 号修正）

列入危险化学品安全使用许可适用行业目录、使用危险化学品从事生产并且达到危险化学品使用量的数量标准的化工企业也纳入危险化学品建设项目管理。

参考 3 《危险化学品生产建设项目安全风险防控指南（试行）》（应急〔2022〕52号）

第1.2.3条：不包括危险化学品储存，LNG（液化天然气）接收站，石油天然气长输管道，城镇燃气，危险化学品的勘探、开采，原油和天然气勘探、开采等建设项目。

参考 4 《危险化学品输送管道安全管理规定》（国家安全监管总局令第43号，第79号修正）

第二条　生产、储存危险化学品的单位在厂区外公共区域埋地、地面和架空的危险化学品输送管道及其附属设施纳入危险化学品建设项目管理。但原油、成品油、天然气、煤层气、煤制气长输管道安全保护和城镇燃气管道的安全管理不适用。

小结： 建设项目是否纳入危险化学品建设项目管理可参考《危险化学品建设项目安全监督管理办法》等法规确定。

问 28　危险化学品建设项目能不能分步实施安全设施竣工验收？

答： 根据《危险化学品建设项目安全监督管理办法》第四十一条，建设项目分期建设的，可以分期进行安全条件审查、安全设施设计审查、试生产及安全设施竣工验收。

问 29　哪些改、扩建和变更项目安全设施"三同时"需要进行行政许可？

答： 一、改扩建三同时

化工企业涉及以下改建、扩建项目定义的，需要走三同时程序。

参考 《危险化学品建设项目安全监督管理办法》（国家安全监管总局令第45号，第79号修正）

第四十三条　本办法所称改建项目，是指有下列情形之一的项目：

（一）企业对在役危险化学品生产、储存装置（设施），在原址更新技术、工艺、主要装置（设施）、危险化学品种类的；

（二）企业对在役伴有危险化学品产生的化学品生产装置（设施），在原址更新技术、工艺、主要装置（设施）的。

第四十四条　本办法所称扩建项目，是指有下列情形之一的项目：

（一）企业建设与现有技术、工艺、主要装置（设施）、危险化学品品种相同，但生产、储存装置（设施）相对独立的；

（二）企业建设与现有技术、工艺、主要装置（设施）相同，但生产装置（设施）相对独立的伴有危险化学品产生的。

二、变更三同时

对于变更是否进行"三同时"需要判断变更的类别。目前国内对于变更的"三同时"虽只有部分区域明确具体的手续和流程，但可明确属于重大变更需要进行"三同时"工作。

参考1 《危险化学品建设项目安全监督管理办法》（国家安全监管总局令第 45 号，第 79 号修正）

第十四条　已经通过安全条件审查的建设项目有下列情形之一的，建设单位应当重新进行安全评价，并申请审查：

（一）建设项目周边条件发生重大变化的；

（二）变更建设地址的；

（三）主要技术、工艺路线、产品方案或者装置规模发生重大变化的；

（四）建设项目在安全条件审查意见书有效期内未开工建设，期限届满后需要开工建设的。

参考2 《危险化学品建设项目安全监督管理办法》（国家安全监管总局令第 45 号，第 79 号修正）

第二十条　已经审查通过的建设项目安全设施设计有下列情形之一的，建设单位应当向原审查部门申请建设项目安全设施变更设计的审查：

（一）改变安全设施设计且可能降低安全性能的；

（二）在施工期间重新设计的。

参考3 《危险化学品生产使用企业老旧装置安全风险评估指南（试行）》（应急管理部危化监管一司，2022 年 2 月 23 日）

重大工艺技术变更主要包括：生产能力超过设计最大能力；可能导致

危险产生的原辅材料（包括助剂、添加剂、催化剂等）变化；介质（包括成分比例的变化）不满足设计要求；工艺技术路线、流程发生调整变化；工艺控制参数超出设计范围；仪表控制系统（包括安全报警和联锁整定值的改变）超出设计范围，水、电、汽、风等公用工程方面的改变可能导致重大风险等。重大设备变更主要包括：设备设施的改造、非同类型替换（包括型号、材质、安全设施的变更）、布局改变，备件、材料的改变，监控、测量仪表的变更，控制计算机及软件的变更。

小结： 符合《危险化学品建设项目安全监督管理办法》改、扩建定义的项目需要进行"三同时"，涉及重大变更的需要进行"三同时"其他变更是否需要进行"三同时"具体要以属地主管部门意见为准。

问 30 化工建设项目如何开展安全设施竣工验收工作？

答： 根据建设项目的性质进行验收：

◀ 参考1 《建设项目安全设施"三同时"监督管理办法》（国家安全监管总局令第 36 号，第 77 号令修正）

第二十二条 本办法第七条规定的建设项目安全设施竣工或者试运行完成后，生产经营单位应当委托具有相应资质的安全评价机构对安全设施进行验收评价，并编制建设项目安全验收评价报告。建设项目安全验收评价报告应当符合国家标准或者行业标准的规定。生产、储存危险化学品的建设项目和化工建设项目安全验收评价报告除符合本条第二款的规定外，还应当符合有关危险化学品建设项目的规定。

第二十三条 建设项目竣工投入生产或者使用前，生产经营单位应当组织对安全设施进行竣工验收，并形成书面报告备查。安全设施竣工验收合格后，方可投入生产和使用。

◀ 参考2 《危险化学品建设项目安全监督管理办法》（国家安全监管总局令第 45 号，第 79 号修正）

第二十五条 建设项目试生产期间，建设单位应当按照本办法的规定委托有相应资质的安全评价机构对建设项目及其安全设施试生产（使用）情况进行安全验收评价，且不得委托在可行性研究阶段进行安全评价的同一安全评价机构。

安全评价机构应当根据有关安全生产的法律法规、规章和国家标准、行业标准进行评价。建设项目安全验收评价报告应当符合《危险化学品建设项目安全评价细则》的要求。

第二十六条　建设项目投入生产和使用前，建设单位应当组织人员进行安全设施竣工验收，作出建设项目安全设施竣工验收是否通过的结论。参加验收人员的专业能力应当涵盖建设项目涉及的所有专业内容。

建设单位应当向参加验收人员提供下列文件、资料，并组织进行现场检查：

（一）建设项目安全设施施工、监理情况报告；

（二）建设项目安全验收评价报告；

（三）试生产（使用）期间是否发生事故、采取的防范措施以及整改情况报告；

（四）建设项目施工、监理单位资质证书（复制件）；

（五）主要负责人、安全生产管理人员、注册安全工程师资格证书（复制件），以及特种作业人员名单；

（六）从业人员安全教育、培训合格的证明材料；

（七）劳动防护用品配备情况说明；

（八）安全生产责任制文件，安全生产规章制度清单、岗位操作安全规程清单；

（九）设置安全生产管理机构和配备专职安全生产管理人员的文件（复制件）；

（十）为从业人员缴纳工伤保险费的证明材料（复制件）。

◀ **参考 3**　《危险化学品生产建设项目安全风险防控指南（试行）》（应急〔2022〕52 号）

10.3　竣工验收要求

（1）建设项目竣工投入生产或者使用前，应当由建设单位负责组织对安全设施进行验收，作出是否通过的结论。验收合格后，申请取得安全生产（使用）许可，方可投入生产和使用。

（2）参加验收人员的专业能力应当涵盖建设项目涉及的所有专业内容。

（3）竣工验收的条件：

a）试生产各项控制指标达到要求，安全设施有效运行，并已编制试生产总结报告；说明试生产期间是否发生事故、采取的防范措施以及整改情况；

b）消防设施取得消防验收意见书；

c）安全设施设计专篇、投资概算中确定的安全设施已按设计建成投用；

d）防雷装置已完成竣工验收，取得防雷防静电检测意见书；

e）防爆电气的选型、安装应符合有关标准要求，并应经有资质的检测机构检测合格，取得防爆合格证；

f）锅炉、压力容器、压力管道、电梯、起重机械、厂内专用机动车辆等特种设备按照相关安全技术规范要求办理使用登记，安全附件如安全阀、压力表等经有资质的部门检测检验合格；

g）组织机构已健全，设置了安全生产管理机构和配备专职安全生产管理人员；

h）各项生产管理制度、责任制、操作规程已建立清单并颁布实施；

i）特种作业人员、特种设备操作人员、注册安全工程师已持证上岗，主管生产、设备、工艺、安全等方面负责人的专业、学历及经验方面符合性证明材料，从业人员安全教育、培训合格的证明材料；

j）为从业者提供符合国家标准、行业标准的劳动防护用品，并监督、教育从业人员按使用规则佩戴使用；

k）为从业人员缴纳工伤保险费的证明材料，属于国家规定的高危行业、领域的项目企业投保安全生产责任保险的证明材料；

l）已编制完成建设项目安全设施施工、监理情况报告；提供建设项目施工、监理单位资质证书；

m）已编制安全验收评价报告；

n）完成重大危险源安全监测监控有关数据接入危险化学品安全生产风险监测预警系统，提交危险化学品重大危险源备案证明文件；

o）完成化学品登记和应急预案备案。

小结： 根据建设项目的性质按照《建设项目安全设施"三同时"监督管理办法》等要求进行安全验收。

问 **31** 对于开展化工建设项目安全验收评价工作的单位有资质要求吗？

答： 参考《安全评价检测检验机构管理办法》（应急管理部令第 1 号）第

十五条，生产经营单位可以自主选择具备本办法规定资质的安全评价检测检验机构，接受其资质认可范围内的安全评价、检测检验服务。

根据安评资质的分类，危化建设项目的安全验收评价需要具有石油加工业，化学原料、化学品及医药制造业安全评价资质。

小结：危险化学品建设项目安全验收评价需委托具有石油加工业，化学原料、化学品及医药制造业安全评价资质，且安全验收评价报告编制机构与安全预评价报告编制单位不能是同一个。

问 32 哪些建设项目需要试生产？

答： 主要参考如下：

‹ **参考1** 《危险化学品建设项目安全监督管理办法》(国家安全监管总局令第45号，第79号修正)

第二条　中华人民共和国境内新建、改建、扩建危险化学品生产、储存的建设项目以及伴有危险化学品产生的化工建设项目（包括危险化学品长输管道建设项目，以下统称建设项目），其安全管理及其监督管理，适用本办法。

第二十二条　建设单位应当组织建设项目的设计、施工、监理等有关单位和专家，研究提出建设项目试生产（使用）可能出现的安全问题及对策，并按照有关安全生产法律法规、规章和国家标准、行业标准的规定，制定周密的试生产（使用）方案。

‹ **参考2** 《建设项目安全设施"三同时"监督管理办法》(国家安全监管总局令第36号，第77号令修正)

第七条　下列建设项目在进行可行性研究时，生产经营单位应当按照国家规定，进行安全预评价：（一）非煤矿矿山建设项目；（二）生产、储存危险化学品（包括使用长输管道输送危险化学品，下同）的建设项目；（三）生产、储存烟花爆竹的建设项目；（四）金属冶炼建设项目；（五）使用危险化学品从事生产并且使用量达到规定数量的化工建设项目（属于危险化学品生产的除外，下同）；（六）法律、行政法规和国务院规定的其他建设项目。

第二十一条　本办法第七条规定的建设项目竣工后，根据规定建设项目需要试运行的，应当在正式投入生产或者使用前进行试运行，试运行时间应当不少于 30 日，最长不得超过 180 日，国家有关部门有规定或者特殊要求的行业除外。

小结： 符合《危险化学品建设项目安全监督管理办法》《建设项目安全设施"三同时"监督管理办法》要求的项目均需进行试生产，如属地有更加明确详细的要求，建议遵循属地管理。

问 **33** 一般化工建设项目试生产时间超期，有什么说法吗？

答： 主要参考如下：

◁ **参考1** 《建设项目安全设施"三同时"监督管理办法》（国家安全监管总局令第 36 号，第 77 号令修正）

第三十条 本办法第七条第一项、第二项、第三项和第四项规定以外的建设项目有下列情形之一的，对有关生产经营单位责令限期改正，可以并处 5000 元以上 3 万元以下的罚款：

（一）没有安全设施设计的；

（二）安全设施设计未组织审查，并形成书面审查报告的；

（三）施工单位未按照安全设施设计施工的；

（四）投入生产或者使用前，安全设施未经竣工验收合格，并形成书面报告的。

◁ **参考2** 《建设项目安全设施"三同时"监督管理办法》（国家安全监管总局令第 36 号，第 77 号令修正）

第二十二条 本办法第七条规定的建设项目竣工后，根据规定建设项目需要试运行（包括生产、使用，下同）的，应当在正式投入生产或者使用前进行试运行。

试运行时间应当不少于 30 日，最长不得超过 180 日，国家有关部门有规定或者特殊要求的行业除外。

第二十三条 建设项目竣工投入生产或者使用前，生产经营单位应当组织对安全设施进行竣工验收，并形成书面报告备查。安全设施竣工验收合格后，方可投入生产和使用。

◁ **参考3** 《危险化学品生产建设项目安全风险防控指南（试行）》（应急

〔2022〕52号）

9.3.9　试生产时间

（1）项目试生产时间不少于30日，最长不得超过1年（国家有关部门有规定或者特殊要求的行业除外）。

（2）涉及重点监管危险化工工艺的建设项目试生产时间不少于3个月。

（3）试生产结束后，建设单位编制试生产总结报告，说明试生产各项控制指标的达标情况，安全设施运行情况，试生产起始时间，设计、施工、监理单位明确试生产是否通过的明确结论，作为项目竣工验收的重要依据。

（4）鼓励各地出台相关政策，明确企业工业化试验、试生产期间购买、销售危险化学品的条件、程序等相关要求。

（5）延期两次后仍不能稳定生产的，建设单位应当立即停止试生产，解决问题。

小结： 一般化工建设项目试生产延期两次后仍不能稳定生产的，建议立即停止试生产，并咨询当地应急管理部门，按要求补充办理试生产备案或验收手续。

问 34　试生产期间能销售产品吗？

答： 对于列入工业产品生产许可证范围的危险化学品，试生产期间能够销售产品，但要满足相关的要求。对于未列入工业产品生产许可证范围的危险化学品，建议咨询当地政府有关部门意见为准。

‹ **参考1** 对于列入工业产品生产许可证范围的危险化学品试生产期间销售时，应符合《中华人民共和国工业产品生产许可证管理条例实施办法》（国家市场监督管理总局令第61号修订）

第四十五条要求：企业可以自受理申请之日起试生产申请取证产品。企业试生产的产品应当经出厂检验合格，并在产品或者其包装、说明书上标明"试制品"后，方可销售。市场监管总局或者省级市场监督管理部门作出终止办理生产许可决定或者不予生产许可决定的，企业即日起不得继续试生产该产品。

‹ **参考2** 《市场监管总局关于公布工业产品生产许可证实施通则及实施细则的公告》〔2018年第26号〕，其中危险化学品生产许可证实施细则分为（一）~（六）6个部分，共有325种危险化学品（详见下表）列入工业产品生产许可证发证范围。

序号	编号	产品分类	产品单元	产品品种
（一）	（X）XK13-006	危险化学品无机产品部分	33	70
（二）	（X）XK13-008	危险化学品氯碱产品部分	1	17
（三）	（X）XK13-010	危险化学品工业气体产品部分	6	26
（四）	（X）XK13-011	危险化学品化学试剂产品部分	5	83
（五）	（X）XK13-014	危险化学品有机产品部分	25	124
（六）	（X）XK13-021	危险化学品石油产品部分	2	5
合计			72	325

对于生产未列入工业产品生产许可证范围的危险化学品企业，在领取安全生产许可证之前，试生产的产品销售，需要什么条件、程序，目前没有明确的法规条文规定。

问 35 什么是安全生产两级发证？

答： 国家和省级行业主管部门负责发放管辖范围内的安全生产许可证。

◀ **参考** 《安全生产许可证条例》（国务院令第397号，第653号修正）

第三条 国务院安全生产监督管理部门负责中央管理的非煤矿矿山企业和危险化学品、烟花爆竹生产企业安全生产许可证的颁发和管理。省、自治区、直辖市人民政府安全生产监督管理部门负责前款规定以外的非煤矿矿山企业和危险化学品、烟花爆竹生产企业安全生产许可证的颁发和管理，并接受国务院安全生产监督管理部门的指导和监督。国家煤矿安全监察机构负责中央管理的煤矿企业安全生产许可证的颁发和管理。在省、自治区、直辖市设立的煤矿安全监察机构负责前款规定以外的其他煤矿企业安全生产许可证的颁发和管理，并接受国家煤矿安全监察机构的指导和监督。

第四条 省、自治区、直辖市人民政府建设主管部门负责建筑施工企业安全生产许可证的颁发和管理，并接受国务院建设主管部门的指导和监督。

第五条　省、自治区、直辖市人民政府民用爆炸物品行业主管部门负责民用爆炸物品生产企业安全生产许可证的颁发和管理，并接受国务院民用爆炸物品行业主管部门的指导和监督。

小结： 安全生产两级发证是指国家和省级行业主管部门负责发放管辖范围内的安全生产许可证。

问 36　精细化工企业安全生产许可证延期换证，是否可以将某一装置不纳入评价范围？

具体问题： 某公司是一家精细化工企业，现有三套生产装置，其中两套生产装置的产品属于危险化学品；另一套装置为使用危险化学品但中间产品、最终产品均不属于危险化学品，且使用量也达不到发证条件。请问：该公司在办理危险化学品安全生产许可证延期时，是否可以将评价范围限于产品属于危险化学品的两套生产装置，另一套生产装置不纳入评价范围？

答： 参考《危险化学品生产企业安全生产许可证实施办法》（国家安全监管总局令第41号，第89号修正），危险化学品安全生产许可证是针对企业颁发的，而不是针对企业某装置颁发的。所以企业的安全生产许可证延期安全评价范围应包括整个企业的所有生产装置。在评价时不应将另一套生产装置不纳入评价范围，但如此装置处于长期停产状态，可不纳入评价范围。

问 37　生产中间产品不外售是否需要取得安全生产许可证？

答： 中间产品是指为满足生产的需要，生产一种或者多种产品为下一个生产过程参与化学反应的原料，中间产品如属于危化品，仍需要取得安全生产许可证。

‹ **参考1** 《危险化学品生产企业安全生产许可证实施办法》（国家安全监管总局令第41号，第89号修正）

第二条　本办法所称危险化学品生产企业（以下简称企业），是指依法设立且取得工商营业执照或者工商核准文件从事生产最终产品或者中间产品列入《危险化学品目录》的企业。

参考2 应急管理官方回复

咨询：安监总局41号令中第二条"本办法所称危险化学品生产企业以下简称企业，是指依法设立且取得工商营业执照或者工商核准文件从事生产最终产品或者中间产品列入《危险化学品目录（2015版）》的企业。"这里的中间产品定义或者范围是什么？工艺中产生的某一物质在线进入下一道工序参与反应，这个物质属于中间产品吗？2022-02-16

回复：根据《危险化学品生产企业安全生产许可证实施办法》，中间产品是指为满足生产的需要，生产一种或者多种产品为下一个生产过程参与化学反应的原料。具体要求请咨询属地应急管理部门。感谢您对危险化学品安全生产工作的关心关注。危化监管一司，2022-02-21

小结： 生产属于危化品的中间产品虽不外售，仍需要取得安全生产许可证。

问 **38** 哪些危险化学品需要办理工业产品许可证？

答： 依据《中华人民共和国工业产品生产许可证管理条例》（中华人民共和国国务院令第440号）、《国务院关于调整工业产品生产许可证管理目录加强事中事后监管的决定》（国发〔2019〕19号）规定的危险化学品需要办理工业产品许可证。包括民用硝化棉，工业甲醇，碳化钙（电石），溶解乙炔，化学试剂，氯碱，危险化学品无机类产品，环氧乙烷，染料中间体，工业硝酸，过氧乙酸，压缩、液化气体，硫酸，危险化学品有机类产品，液体无水氨15类，具体请参照向社会公布的国家实行生产许可证制度的工业产品目录。

问 **39** 使用浓硫酸是否需要取得危险化学品使用许可证？

答： 使用浓硫酸不需要取得危险化学品使用许可证。

参考1 《危险化学品安全管理条例》（国务院令第344号，第645号修正）第二十九条的规定，使用危险化学品从事生产并且使用量达到规定数量的化工企业（属于危险化学品生产企业的除外），应当依照该条例的规定取得危险化学品安全使用许可证。

‹　**参考 2**　浓硫酸不属于《危险化学品使用量的数量标准（2013 年版）》（国家安全监管总局　公安部　农业部 2013 年第 9 号）规定的危险化学品。

小结： 使用浓硫酸不需要取得危险化学品使用许可证。

问 **40**　冶金企业制氧站氧气不外售，是否需要办理安全生产许可证？

答： 冶金企业制氧站氧气不外售不需要办理安全生产许可证。

‹　**参考**　《国家安全监管总局办公厅关于冶金等工贸行业安全监管工作有关问题的复函》（安监总厅管四函〔2014〕43 号）

二、冶金等工贸行业企业配套建设危险化学品生产装置和储存设施的新（改、扩）建设项目，其安全设施"三同时"监督管理，按《建设项目安全设施"三同时"监督管理暂行办法》执行，实行备案制度。

三、生产过程中产生的中间产品列入《危险化学品名录》的冶金等工贸企业，在进行相关经营活动时，须办理危险化学品经营许可证。企业应严格按照国家有关危险化学品的法律法规、标准规范要求，做好危险化学品安全生产工作。

小结： 按照上文复函的要求，当中间产品不作为产品外售时，不需要办理危险化学品安全生产许可证。当生产过程中产生的中间产品列入《危险化学品名录》且进行销售等相关经营活动时，须办理危险化学品经营许可证。

问 **41**　天然气长输管道运营企业需要办理危化品经营和危化品生产许可证吗？

答： 天然气长输管道运营企业需要办理危化品经营许可证，不需要办理危化品生产许可证。

‹　**参考**　《国家安全监管总局办公厅关于油气输送管道安全监管有关问题的复函》（安监总厅管三函〔2016〕84 号）

第一条 关于油气输送管道企业申请相关安全生产许可问题，我局已函询国务院法制办。在得到国务院法制办回复前，油气输送管道企业暂依照《危险化学品经营许可证管理办法》（国家安全监管总局令第55号，第79号修正）第五条、第六条、第八条规定，办理危险化学品经营许可证。

小结： 天然气长输管道运营企业需要办理危险化学品经营许可证，而不是危化品生产许可证。具体的办理流程和要求应咨询当地的应急管理部门，以确保符合最新的法规要求。

问 42 城镇燃气企业天然气液化装置及 LNG 储存构成重大危险源，是否需要办理安全生产许可证？

答： LNG 已纳入城镇燃气管理范畴，不需要领取安全生产许可证。

> **参考** 根据《危险化学品安全管理条例》（国务院令第 344 号，第 645 号修正）第九十七条和《城镇燃气管理条例》（国务院令第 583 号，第 666 号修正）第二条、第五条，国务院建设主管部门负责全国的燃气管理工作。城镇燃气的输送及储存建设项目不适用于《危险化学品建设项目安全监督管理办法》（国家安全监管总局令第 45 号，第 79 号修正）。

小结： 城镇燃气企业天然气液化装置及 LNG 储存构成重大危险源，因已纳入城镇燃气管理范畴，不需要办理安全生产许可证。

问 43 辅料是危险化学品是否需要进行危险化学品登记？

答： 辅料是危险化学品需要进行危险化学品登记。

> **参考** 《危险化学品登记管理办法》（国家安全监管总局令第 53 号）

第二条 本办法适用于危险化学品生产企业、进口企业（以下统称登记企业）生产或者进口《危险化学品目录》所列危险化学品的登记和管理工作。

小结： 危险化学品辅料是本企业生产或者进口的，属于列入《危险化学品目录（2015 版）》所列危险化学品的，需要进行危险化学品登记。

问 44　危险化学品企业实际产能超过登记许可范围是否允许?

答: 不允许。

企业危险化学品的生产能力应执行设计文件,安全生产许可证、危化品登记证记载的产能和设计产能保持一致。建议具体咨询当地主管部门。

问 45　不在《危险化学品目录（2015 版）》内的化学品如何管控?

答: 不在《危险化学品目录（2015 版)》中的化学品,应判定是否属于危险化学品,参照危险化学品法规、标准规范中的相关内容进行风险管控和监督管理。

> **参考1** 《危险化学品目录（2015 版）实施指南（试行）》（安监总厅管三〔2015〕80 号）

第五条　主要成分均为列入《目录》的危险化学品,并且主要成分质量比或体积比之和不小于 70% 的混合物（经鉴定不属于危险化学品确定原则的除外）,可视其为危险化学品并按危险化学品进行管理,安全监管部门在办理相关安全行政许可时,应注明混合物的商品名称及其主要成分含量。

第六条　对于主要成分均为列入《目录》的危险化学品,并且主要成分质量比或体积比之和小于 70% 的混合物或危险特性尚未确定的化学品,生产或进口企业应根据《化学品物理危险性鉴定与分类管理办法》及其他相关规定进行鉴定分类,经过鉴定分类属于危险化学品确定原则的,应根据《危险化学品登记管理办法》进行危险化学品登记,但不需要办理相关安全行政许可手续。

第七条　化学品只要满足《目录》中序号第 2828 项闪点判定标准即属于第 2828 项危险化学品。为方便查阅,危险化学品分类信息表中列举部分品名。其列举的涂料、油漆产品以成膜物为基础确定。例如,条目"酚醛树脂漆（涂料)",是指以酚醛树脂、改性酚醛树脂等为成膜物的各种油漆涂料。各油漆涂料对应的成膜物详见国家标准《涂料产品分类和命名》。胶粘剂以粘料为基础确定。例如,条目"酚醛树脂类胶粘剂",是指以酚醛树脂、间苯二酚甲醛树脂等为粘料的各种胶粘剂。各胶粘剂对应的粘料详见国家标准《胶粘剂分类》。

> **参考2** 《化学品物理危险性鉴定与分类管理办法》（国家安全监管总局令第60号）第四条　下列化学品应当进行物理危险性鉴定与分类：

（一）含有一种及以上列入《目录》的组分，但整体物理危险性尚未确定的化学品；

（二）未列入《目录》，且物理危险性尚未确定的化学品；

（三）以科学研究或者产品开发为目的，年产量或者使用量超过1吨，且物理危险性尚未确定的化学品。

列入2016年第一批已经公布免予物理危险性鉴定与分类的化学品目录的化学品除外。所以未列入《目录》，且物理危险性尚未确定的化学品，应当进行物理危险性鉴定与分类。不在危险化学品名录中的危险化学品在我国生产使用储存，也应进行相应物理危险性鉴定与分类。

> **参考3** 《化学品物理危险性鉴别与分类管理办法》（国家安全监管总局令第60号）第十七条　化学品单位对确定为危险化学品的化学品以及国家安全生产监督管理总局公告的免于物理危险性鉴定与分类的危险化学品，应当编制化学品安全技术说明书和安全标签，根据《危险化学品登记管理办法》办理危险化学品登记，按照有关危险化学品的法律法规和标准的要求，加强安全管理。

小结： 不在《危险化学品目录（2015版）》中的化学品，应判定是否属于危险化学品，参照危险化学品法规、标准规范中的相关内容进行风险管控和监督管理。

问 46 安全生产标准化评级申请的条件是什么？

答： 主要可参考原国家安全监管总局、应急管理部以及属地监管部门关于安全生产标准化相关要求：

> **参考1** 《国家安全监管总局关于印发危险化学品从业单位安全生产标准化评审标准的通知》（安监总管三〔2011〕93号）

第一条　申请条件：

（一）申请安全生产标准化三级企业达标评审的条件：

1.已依法取得有关法律、行政法规规定的相应安全生产行政许可；

2. 已开展安全生产标准化工作 1 年（含）以上，并按规定进行自评，自评得分在 80 分（含）以上，且每个 A 级要素自评得分均在 60 分（含）以上；

3. 至申请之日前 1 年内未发生人员死亡的生产安全事故或者造成 1000 万元以上直接经济损失的爆炸、火灾、泄漏、中毒事故。

（二）申请安全生产标准化二级企业达标评审的条件。

1. 已通过安全生产标准化三级企业评审并持续运行 2 年（含）以上，或者安全生产标准化三级企业评审得分在 90 分（含）以上，并经市级安全监管部门同意，均可申请安全生产标准化二级企业评审；

2. 从事危险化学品生产、储存、使用（使用危险化学品从事生产并且使用量达到一定数量的化工企业）、经营活动 5 年（含）以上且至申请之日前 3 年内未发生人员死亡的生产安全事故，或者 10 人以上重伤事故，或者 1000 万元以上直接经济损失的爆炸、火灾、泄漏、中毒事故。

（三）申请安全生产标准化一级企业达标评审的条件。

1. 已通过安全生产标准化二级企业评审并持续运行 2 年（含）以上，或者装备设施和安全管理达到国内先进水平，经集团公司推荐、省级安全监管部门同意，均可申请一级企业评审；

2. 至申请之日前 5 年内未发生人员死亡的生产安全事故（含承包商事故），或者 10 人以上重伤事故（含承包商事故），或者 1000 万元以上直接经济损失的爆炸、火灾、泄漏、中毒事故（含承包商事故）。

> **参考 2**　《企业安全生产标准化建设定级办法》（应急〔2021〕83 号）

第八条　申请定级的企业应当在自评报告中，由其主要负责人承诺符合以下条件：

（一）依法应当具备的证照齐全有效；

（二）依法设置安全生产管理机构或者配备安全生产管理人员；

（三）主要负责人、安全生产管理人员、特种作业人员依法持证上岗；

（四）申请定级之日前 1 年内，未发生死亡、总计 3 人及以上重伤或者直接经济损失总计 100 万元及以上的生产安全事故；

（五）未发生造成重大社会不良影响的事件；

（六）未被列入安全生产失信惩戒名单；

（七）前次申请定级被告知未通过之日起满 1 年；

（八）被撤销标准化等级之日起满1年；

（九）全面开展隐患排查治理，发现的重大隐患已完成整改。

申请一级企业的，还应当承诺符合以下条件：

（一）从未发生过特别重大生产安全事故，且申请定级之日前5年内未发生过重大生产安全事故、前2年内未发生过生产安全死亡事故；

（二）按照《企业职工伤亡事故分类》GB 6441—1986、《事故伤害损失工作日标准》GB/T 15499—1995，统计分析年度事故起数、伤亡人数、损失工作日、千人死亡率、千人重伤率、伤害频率、伤害严重率等，并自前次取得标准化等级以来逐年下降或者持平；

（三）曾被定级为一级，或者被定级为二级、三级并有效运行3年以上。

发现企业存在承诺不实的，定级相关工作即行终止，3年内不再受理该企业标准化定级申请。

第九条　企业标准化等级有效期为3年。

第十条　已经取得标准化等级的企业，可以在有效期届满前3个月再次按照本办法第七条规定的程序申请定级。对再次申请原等级的企业，在标准化等级有效期内符合以下条件的，经定级部门确认后，直接予以公示和公告：

（一）未发生生产安全死亡事故；

（二）一级企业未发生总计重伤3人及以上或者直接经济损失总计100万元及以上的生产安全事故，二级、三级企业未发生总计重伤5人及以上或者直接经济损失总计500万元及以上的生产安全事故；

（三）未发生造成重大社会不良影响的事件；

（四）有关法律法规、规章、标准及所属行业定级相关标准未作重大修订；

（五）生产工艺、设备、产品、原辅材料等无重大变化，无新建、改建、扩建工程项目；

（六）按照规定开展自评并提交自评报告。

被撤销二级标准化等级之日起满1年的或者前一次申请二级标准化定级被告知未通过之日起满1年的，可按上述条件再次申请定级。

小结： 安全生产标准化评级申请的条件包括很多可参考《企业安全生产标准化建设定级办法》以及属地监管要求等进行申请。

问 47 危险化学品生产企业安全生产标准化三级评定工作，是在取得危险化学品生产许可证之后就可以开展吗？

答： 不是，还需要满足一定的条件。

> **参考** 《企业安全生产标准化建设定级办法》（应急〔2021〕83号）

第八条　申请定级的企业应当在自评报告中，由其主要负责人承诺符合以下条件：

（一）依法应当具备的证照齐全有效；

（二）依法设置安全生产管理机构或者配备安全生产管理人员；

（三）主要负责人、安全生产管理人员、特种作业人员依法持证上岗；

（四）申请定级之日前1年内，未发生死亡、总计3人及以上重伤或者直接经济损失总计100万元及以上的生产安全事故；

（五）未发生造成重大社会不良影响的事件；

（六）未被列入安全生产失信惩戒名单；

（七）前次申请定级被告知未通过之日起满1年；

（八）被撤销标准化等级之日起满1年；

（九）全面开展隐患排查治理，发现的重大隐患已完成整改。

小结： 危险化学品企业安全生产标准化三级评定工作除在取得危险化学品生产许可证之外还应满足《企业安全生产标准化建设定级办法》的要求。

问 48 危险化学品企业安全标准化是按几个要素创建的？

答： 截至当前，危险化学品企业基本是参照《危险化学品从业单位安全生产标准化评审标准》（安监总管三〔2011〕93号），按照12个A级要素、56个B级要素进行创建的。据了解，目前应急管理部正在组织修订，后期可能进行调整，请予以关注。同时部分地区有本地区的要求时，可参照执行。

> **参考1** 现行版本《危险化学品从业单位安全生产标准化评审标准》（安监总管三〔2011〕93号）是12个A级要素、56个B级要素。

> **参考2** 应急管理部2023年7月19日发布的关于公开征求《危险化

学品企业安全生产标准化评审标准（修订征求意见稿）》全面融合了《化工过程安全管理导则》，将原有的 12 个 A 级要素、56 个 B 级要素调整为 15 个 A 级要素、85 个 B 级要素。

各省市、属地应急管理部门根据 93 号文编制符合本地区要求的《危险化学品企业安全生产标准化评审标准》供辖区企业创建安全生产标准化参考执行。

小结： 现行的危险化学品从业单位安全生产标准化评审标准按照 12 个 A 级要素、56 个 B 级要素进行创建的，后期可能发生变化，请予以关注。

问 **49** 危险化学品无储存经营单位是否需要给员工缴纳安全生产责任保险？

答： 如危险化学品无储存经营只是单纯的票面交易，未强制要求缴纳安全生产责任保险（简称安责险）；经营过程如果涉及危险化学品装卸、危化品交通运输，应按照高危行业领域投保安责险。

‹ **参考1** 《中华人民共和国安全生产法》（主席令〔2021〕第 88 号修正）

第五十一条 生产经营单位必须依法参加工伤保险，为从业人员缴纳保险费。国家鼓励生产经营单位投保安全生产责任保险；属于国家规定的高危行业、领域的生产经营单位，应当投保安全生产责任保险。具体范围和实施办法由国务院应急管理部门会同国务院财政部门、国务院保险监督管理机构和相关行业主管部门制定。

‹ **参考2** 《安全生产责任保险实施办法》（安监总办〔2017〕140 号）

第六条 煤矿、非煤矿山、危险化学品、烟花爆竹、交通运输、建筑施工、民用爆炸物品、金属冶炼、渔业生产等高危行业领域的生产经营单位应当投保安全生产责任保险。

【延伸阅读】 为贯彻落实《中华人民共和国安全生产法》等工作要求，规范安全生产责任保险有序运行，应急管理部修订了《安全生产责任保险实施办法》。2024 年 10 月 5 日，应急管理部网站发布了《安全生产责任保险实施办法（修订征求意见稿）》。

小结： 高危行业的生产经营单位应投保安全生产责任保险。其他非高危行业、领域生产经营单位鼓励投保，但未强制要求。

问 50 安全生产责任保险费可以计入安全生产费用吗？

答： 安全生产责任保险费可以计入安全生产费用。

> **参考1** 《企业安全生产费用提取和使用管理办法》（财资〔2022〕136）

第五条 企业安全生产费用可由企业用于以下范围的支出：

（五）安全生产责任保险、承运人责任险等与安全生产直接相关的法定保险支出；

> **参考2** 应急管理部 2023 年 12 月 27 日下发了《企业安全生产费用提取和使用管理办法解读》（财资〔2022〕136）

第二章第五节（危险品生产与储存企业）第二十条解读中明确安全生产责任保险可以作为安全生产费用的支出内容。其中危险品生产与储存企业安全生产费用负面支出清单中安全生产责任保险支出一列中"法定安全生产责任保险之外的其他保险费用"不能作为安全生产费用。

小结： 安全生产责任保险费可以计入安全生产费用。

问 51 火灾公众责任险能否列入安全生产费用？

答： 根据《企业安全生产费用提取和使用管理办法解读》负面清单法定安全生产责任保险之外的其他保险费用。故火灾公众责任险不能列入安全生产费用。

问 52 可以预支下一年的安全生产费用吗？

具体问题： 企业今年隐患整改项目比较多，按照去年的营业收入提取的安全费用已经用完，可以预支明年的安全费吗？

答： 不可以预支下一年的安全生产费用。

> **参考** 《企业安全生产费用提取和使用管理办法》（财资〔2022〕136 号）

第四十七条 企业提取的安全生产费用从成本（费用）中列支并专项

核算。

企业安全生产费用年度结余资金结转下年度使用。企业安全生产费用出现赤字（即当年计提企业安全生产费用加上年初结余小于年度实际支出）的，应当于年末补提企业安全生产费用。

小结： 如果企业按照前一年的营业收入提取安全生产费用使用超支时，应当于当年末补提企业安全生产费用，并在当年的成本（费用）中列支，不可以预支下一年度的安全费。

问 53 类别为"C2511 原油加工及石油制品制造"的企业，如何进行安全生产费用提取和使用？

答： C2511 原油加工及石油制品制造按照企业类别执行《企业安全生产费用提取和使用管理办法》进行安全生产费用提取和使用。

> **参考** 《国民经济行业分类》（GB/T 4754—2017）

原油加工及石油制品制造指从天然原油、人造原油中提炼液态或气态燃料以及石油制品的生产活动。不包括：通过化学加工过程把固体煤炭转化成为液体燃料、化工原料和产品的活动，列入 2523（煤制液体燃料生产）类别中。

由上可知，原油加工及石油制品制造部分属于危险化学品制造，部分属于非危险化学品制造，可参照《企业安全生产费用提取和使用管理办法》（财资〔2022〕136 号）进行安全生产费用提取和使用。

小结： 原油加工及石油制品制造，如属于危险化学品制造，应按照《企业安全生产费用提取和使用管理办法》第五节　第二十一条　危险品生产与储存企业类别执行；如果属于其他化工产品，建议按照相应的行业执行，如无行业标准，按照预算制度，从成本中列支。

问 54 哪个文件规定事故结案后 1 年内要开展安全评估工作？

答： 主要参考如下：

> **参考1** 《中共中央　国务院关于推进安全生产领域改革发展的意见》

（2016 年 12 月 9 日）

（十九）完善事故调查处理机制。坚持问责与整改并重，充分发挥事故查处对加强和改进安全生产工作的促进作用。完善生产安全事故调查组组长负责制。健全典型事故提级调查、跨地区协同调查和工作督导机制。建立事故调查分析技术支撑体系，所有事故调查报告要设立技术和管理问题专篇，详细分析原因并全文发布，做好解读，回应公众关切。对事故调查发现有漏洞、缺陷的有关法律法规和标准制度，及时启动制定修订工作。建立事故暴露问题整改督办制度，事故结案后一年内，负责事故调查的地方政府和国务院有关部门要组织开展评估，及时向社会公开，对履职不力、整改措施不落实的，依法依规严肃追究有关单位和人员责任。

‹ **参考2**　《生产安全事故防范和整改措施落实情况评估办法》（安委办〔2021〕4号）

第三条　事故结案后 10 个月至 1 年内，负责事故调查的地方政府和国务院有关部门要组织开展评估，具体工作可以由相应安全生产委员会或安全生产委员会办公室组织实施。

小结： 可参考《中共中央 国务院关于推进安全生产领域改革发展的意见》《生产安全事故防范和整改措施落实情况评估办法》等文件的要求，在事故结案后 10 个月到 1 年内开展评估工作。

问 55　事故划分标准的直接经济损失的下限是多少？

具体问题：《生产安全事故报告和调查处理条例》中规定"一般事故，是指造成 3 人以下死亡，或者 10 人以下重伤，或者 1000 万元以下直接经济损失的事故。"关于直接经济损失下限是多少？

答： 100 万元。

‹ **参考1**　《生产安全事故统计调查制度》（应急〔2023〕143 号）

（八）事故统计一般规则

第 19 条　没有造成人员伤亡且直接经济损失小于 100 万元（不含）的事故，暂不纳入统计。

‹ **参考2**　《交通运输部关于修改〈水上交通事故统计办法〉的决定》（交通运输部令〔2021〕第 23 号）

第二十九条 一般事故等级中没有造成人员伤亡且直接经济损失小于100万元的小事故（停航7日以上的搁浅事故除外），不纳入本办法统计，按照交通运输部海事局的相关规定统计。

小结： 事故调查报告中的一般事故，直接经济损失不满100万元且未造成人员伤亡的，一般监管部门不纳入事故统计。

问 56 未遂事故的定义是什么？

答： 未遂事故，是指未发生健康损害、人身伤亡、重大财产损失与环境破坏的事故；也指未发生严重后果的事故、险肇事故、无伤害事故。"海因里希"法则将事故后果的严重程度分为三个层次：严重伤害事故、轻微伤害事故、无伤害事故，其比例为1∶29∶300。"无伤害事故"在中国被译为"未遂事故"。未遂事故最根本的含义就是无伤害事故。

参考1 《职业健康安全管理体系 要求及使用指南》（GB/T 45001—2020）

第3.35条 事件（incident）是由工作引起的或在工作过程中发生的可能或已经导致伤害和健康损害的情况。

注1：发生伤害和健康损害的事件有时被称为"事故"。

注2：未发生但有可能发生伤害和健康损害的事件在英文中称为"near-miss""near-hit"或"close call"，在中文中也可称为"未遂事件""未遂事故"或"事故隐患"等。

参考2 《生产安全重特大事故和重大未遂伤亡事故信息处置办法（试行）》（安监总调度〔2006〕126号）

一、重特大事故和重大未遂伤亡事故范围

（五）重大未遂伤亡事故包括：

1）涉险10人以上（含10人，下同）的事故；

2）造成3人以上被困或下落不明的事故；

3）紧急疏散人员500人以上（含500人，下同）和住院观察治疗20人以上（含20人，下同）的事故；

4）对环境造成严重污染（人员密集场所、生活水源、农田、河流、水库、湖泊等）事故；

5）危及重要场所和设施安全（电站、重要水利设施，核设施、危化品库、油气站和车站、码头、港口、机场及其他人员密集场所等）事故；

6）危险化学品大量泄漏、大面积火灾（不含森林火灾）、大面积停电、建筑施工大面积坍塌，大型水利设施、电力设施、海上石油钻井平台垮塌事故；

7）轮船触礁、碰撞、搁浅，列车、地铁、城铁脱轨、碰撞、民航飞行重大故障和事故征候；

8）涉外事故；

9）其他重大未遂伤亡事故。

小结： 未遂事故最根本的含义就是无伤害事故。

问 57 如何划分生产安全事故中的主要责任、直接责任、领导责任？

答： 可参考《中华人民共和国安全生产法》（主席令〔2021〕第 88 号修正）、《最高人民法院 最高人民检察院关于办理危害生产安全刑事案件适用法律若干问题的解释》等文件进行划分。

> **参考 1** 《最高人民法院 最高人民检察院关于办理危害生产安全刑事案件适用法律若干问题的解释》第三条 刑法第一百三十五条规定的"直接负责的主管人员和其他直接责任人员"，是指对安全生产设施或者安全生产条件不符合国家规定负有直接责任的生产经营单位负责人、管理人员、实际控制人、投资人，以及其他对安全生产设施或者安全生产条件负有管理、维护职责的人员。

> **参考 2** 《生产安全事故调查报告编制指南（试行）》（应急厅〔2023〕4 号）

第 2.8 条 对有关责任人员和责任单位的处理建议在原因分析的基础上，确定事故发生的责任人及责任程度根据其在事故发生过程中承担责任的不同，可以分为直接责任和领导责任（主要领导责任、重要领导责任）。对责任人和责任单位的处理，应做到事实清楚、证据确凿、定性准确、处理恰当、程序合法、手续完备。

> **参考 3** 《中国共产党纪律处分条例》

第 37 条，有关责任人员的区分：

（一）直接责任者，是指在其职责范围内，不履行或者不正确履行自己的职责，对造成的损失或者后果起决定性作用的党员或者党员领导干部。

（二）主要领导责任者，是指在其职责范围内，对直接主管的工作不履行或者不正确履行职责，对造成的损失或者后果负直接领导责任的党员领导干部。

（三）重要领导责任者，是指在其职责范围内，对应管的工作或者参与决定的工作不履行或不正确履行职责，对造成损失或者后果负次要领导责任的党员领导干部。领导责任者包括主要领导责任和重要领导责任者。

小结： 发生生产安全事故后在事故调查过程中，将依照相关规定对直接责任和领导责任（主要领导责任、重要领导责任）进行追责。

问 58 企业发生安全生产事故，对负责人到场时间有具体规定吗？

答： 企业发生安全生产事故，对负责人到场时间的主要规定如下：

参考1 《生产安全事故报告和调查处理条例》（国务院令第 493 号）

第九条 事故发生后，事故现场有关人员应当立即向本单位负责人报告；单位负责人接到报告后，应当于 1 小时内向事故发生地县级以上人民政府安全生产监督管理部门和负有安全生产监督管理职责的有关部门报告。

第十五条 事故发生地有关地方人民政府、安全生产监督管理部门和负有安全生产监督管理职责的有关部门接到事故报告后，其负责人应当立即赶赴事故现场，组织事故救援。

参考2 《生产安全事故信息报告和处置办法》（国家安全监管总局令第 21 号）

第六条 生产经营单位发生生产安全事故或者较大涉险事故，其单位负责人接到事故信息报告后应当于 1 小时内报告事故发生地县级安全生产监督管理部门、煤矿安全监察分局。

小结： 企业发生安全事故，负责人应在接到通知后立即赶赴现场，并在 1 小时内向事故发生地县级以上人民政府安全生产监督管理部门和负有安全生产监督管理职责的有关部门报告。

问 59 可以在哪些网站找到化工行业安全生产事故信息?

答: 按照事故调查的级别,谁调查谁公开,通常可以在相应的应急管理部门等网站上查询事故信息。还可参考以下常见网站:

(1) 化学品登记中心网站有相关版块,应急管理部化学品登记中心;

(2) 中国应急信息网;

(3) 微信公众号"中国石化联合会安全生产办公室"每周一发布的"华安 HSE 微资讯";

(4) 微信公众号"HSE 中心"。

问 60 在哪里可以找到年度安全生产事故统计?

答: 可以在统计局:国民经济和社会发展统计公报、中国安全生产大数据平台等找到。

问 61 电梯事故属于起重伤害吗?

答: 不属于《企业职工伤亡事故分类》(GB 6441—1986)中的起重伤害事故。电梯属于特种设备,乘坐电梯发生伤亡事故属于特种设备事故。

电梯事故种类按发生事故的系统位置,可分为门系统事故、冲顶或蹲底事故、其他事故。

‹ **参考1** 《特种设备事故报告和调查处理规定》(国家市场监督管理总局令第50号)

第二条 本规定所称特种设备事故,是指列入特种设备目录的特种设备因其本体原因及其安全装置或者附件损坏、失效,或者特种设备相关人员违反特种设备法律法规规章、安全技术规范造成的事故。故乘坐电梯发生伤亡事故属于特种设备事故。

‹ **参考2** 《职业安全卫生术语》(GB/T 15236—2008)

3.9 起重伤害的定义:是指各种起重作业(包括起重机安装、检修、试验)中发生的挤压、坠落(吊具、吊重)、折臂、倾翻、倒塌等引起的对人的伤害。

乘坐电梯行为不属于起重作业范畴，因此，不属于起重伤害。

小结：乘坐电梯发生伤亡事故不属于起重伤害事故，属于特种设备事故。

问 62　团体标准的适用范围是什么？团体标准是否可以不执行？按照团体标准对企业进行检查是否有效？

答：主要参考如下：

> **参考1**　《中华人民共和国标准化法》（主席令〔2017〕第78号修订）

第十八条　国家鼓励学会、协会、商会、联合会、产业技术联盟等社会团体协调相关市场主体共同制定满足市场和创新需要的团体标准，由本团体成员约定采用或者按照本团体的规定供社会自愿采用。

第二十一条　推荐性国家标准、行业标准、地方标准、团体标准、企业标准的技术要求不得低于强制性国家标准的相关技术要求。国家鼓励社会团体、企业制定高于推荐性标准相关技术要求的团体标准、企业标准。

> **参考2**　《推荐性国家标准采信团体标准暂行规定》（国标委发〔2023〕39号）

第三条　符合以下条件的团体标准，可以按本规定采信为推荐性国家标准。

（一）符合推荐性国家标准制定需求和范围，技术内容具有先进性、引领性。

（二）由符合团体标准化良好行为标准的社会团体制定和发布。

（三）已在全国团体标准信息平台发布，实施满2年，实施效果良好。

小结：团体标准是由各社会团体按照团体确立的标准制定程序自主制定发布，由社会自愿采用的标准。

一些高于推荐性标准相关技术要求或填补空白的团体标准，被政府采信后，应予以执行。

如果团体标准被相关监管部门采纳、列入设计文件和合同、强制性文件提到或者企业自己声明遵守的，按照团体标准对企业检查是有效的。

如果团体标准未被相关监管部门采纳、列入设计文件和合同、强制性文件提到或者企业自己未声明遵守的，但被政府监管部门或相关专家引用作为整改依据的，建议如具备整改条件宜按照要求整改，如不具备整改条件建议采取措施将该处作为重点监管对象，加强日常监管，并列入今后技改规划。

问 63　专家检查依照标准与原设计标准不一致，应该如何解决？

答： 新发布的强制性标准都给予了一定的实施过渡期，过渡期的设置就是为了企业进行改造，过渡期结束，国家标准废止后不再有效，鼓励标准实施主体执行新标准。如为强制性标准则按照新标准进行整改。

> **参考1** 应急管理部的答复：

咨询：生产设施在投入使用时采用的相关标准，在生产若干年后标准更新，是否要根据新标准整改现场生产设施的建设时采用的标准遗留的隐患问题！ 2021-04-13

回复：新的标准如果是强制性标准，则必须依据新标准进行整改。鼓励企业采用推荐性标准。政策法规司，2021-06-28

> **参考2** 《国家标准管理办法》（国家市场监督管理总局令第 59 号）

第三十五条　对强制性国家标准和推荐性国家标准作出了统一规定："国家标准发布后实施前，企业可以选择执行原国家标准或者新国家标准。新国家标准实施后，原国家标准同时废止"。国家标准废止后不再有效，鼓励标准实施主体执行新标准。

问 64　推荐性标准是否可以不必须执行？

答： 国家鼓励采用推荐性标准，企业公开声明执行的推荐性标准具有法律效力。

> **参考1** 《中华人民共和国标准化法》（主席令〔2017〕第 78 号修正）

第二条："强制性标准必须执行，国家鼓励采用推荐性标准"。在以下情形中，推荐性标准必须执行：

（1）推荐性标准被相关法律法规、规章引用，则该推荐性标准具有相应的强制性约束力，应当按照法律法规、规章的相关规定予以实施。

（2）推荐性标准被企业在产品包装、说明书或者标准信息公共服务平台上进行了自我声明公开的，企业必须执行该推荐性标准。企业生产的产品与明示标准不一致的，依据《中华人民共和国产品质量法》承担相应的法律责任。

（3）推荐性标准被合同双方作为产品或服务交付的质量依据的，该推荐性标准对合同双方具有约束力，双方必须执行推荐性标准，并依据《合同法》的规定承担法律责任。

‹ 参考2 应急管理部官方回复：

咨询：（1）推荐性标准的法律效力？（2）推荐性标准，企业是否可以选择性执行？（3）若选择执行 GB/T 标准（比如 GB/T 12801—2008），执行过程中出现不符合项，是否有处罚整改的效力依据？ 2021-05-06

回复：《中华人民共和国标准化法》第二条第三款规定："强制性标准必须执行。国家鼓励采用推荐性标准。"企业公开声明执行的推荐性标准具有法律效力。对于违反强制性标准、公开声明执行的推荐性标准的行为应当依法给予行政处罚。政策法规司，2021-06-28

小结： 国家鼓励采用推荐性标准，企业公开声明执行的推荐性标准具有法律效力。

问 **65** AQ 3021 ～ AQ 3028 八个特殊作业行业规范有没有正式废止？

答： 除《化学品生产单位设备检修作业安全规范》（AQ 3026—2008）正在修订外，其余已经正式废止。

‹ 参考 中华人民共和国应急管理部公告 2024 年第 3 号《废止〈选煤厂安全规程〉等 67 项安全生产行业标准》的规定。AQ 3021 ～ AQ3028 八个特殊作业行业规范标准；除 AQ 3026 外，已整合转化为《危险化学品企业特殊作业安全规范》（GB 30871—2022），正式废止。

问 **66** 《常用危险化学品安全周知卡编制导则》（HG/T 23010—1997）废止后，有新标准替代吗？

答： 截至目前未发布新的替代标准，但《化学品作业场所安全警示标志规范》（AQ 3047—2013）是目前通用可参考的规范。

问 67 《化工企业安全管理制度》（1991）化劳字第 247 号文发布是否废止？

答： 化工部已经撤销，发布的文件随之废止。但比较经典的安全责任制，制定企业制度时可以参考。

问 68 《工作场所安全使用化学品规定》是否已废止或被替代？

答：《工作场所安全使用化学品规定》是由劳动部、化学工业部颁发的，目前这两个部门都已撤销，发布的文件随之废止。目前涉及工作场所安全使用化学品的其他规定可参考《危险化学品安全使用许可证实施办法》（国家安全监管总局令第 57 号，第 89 号修正）等相关文件。

问 69 化工"夏季四防"出自什么规范？

答： "夏季四防"是化工企业工作者总结的夏季安全生产工作简述，未见有规范对"夏季四防"作出明确定义。

> **参考** 化工企业夏季安全生产的重点工作可以参考《危险化学品企业安全风险隐患排查治理导则》（应急〔2019〕78 号）有关要求：

3.1.2　安全风险隐患排查形式包括日常排查、综合性排查、专业性排查、季节性排查、重点时段及节假日前排查、事故类比排查、复产复工前排查和外聘专家诊断式排查等。

季节性排查是指根据各季节特点开展的专项检查，主要包括：春季以防雷、防静电、防解冻泄漏、防解冻坍塌为重点；夏季以防雷暴、防设备容器超温超压、防台风、防洪、防暑降温为重点；秋季以防雷暴、防火、防静电、防凝保温为重点；冬季以防火、防爆、防雪、防冻防凝、防滑、防静电为重点。

小结： 夏季四防未见明文规定，化工企业夏季安全生产以防雷暴、防设备容器超温超压、防台风、防洪、防暑降温等为重点。

问 **70**　**化工企业一定要设二道门吗？有什么依据？**

答： 二道门是指有效隔离企业生产区域与办公、生活区域，有效管控出入生产区域人员和车辆，设置在非防爆区域的门禁管理系统。

设二道门是化工行业的传统经验、良好管理经验和普遍做法，国家层面没有相关设置要求，企业可根据实际情况来设置。

江苏省出台过相关文件，江苏省企业可参考《江苏省安监局关于开展化工（危险化学品）企业"智能化二道门"建设的通知》（苏安监〔2017〕37号）。

问 **71**　**厂内限速的依据是什么？**

答： 主要参考《工业企业厂内铁路、道路运输安全规程》（GB 4387—2008）。

6.4.1　机动车在无限速标志的厂内主干道行驶时，不得超过 30km/h，其它道路不得超过 20km/h。

6.4.2　机动车行驶下列地点、路段或遇到特殊情况时的限速要求应符合表4的规定。

表4　机动车在特定条件下的限速规定（单位：km/h）

限速地点、路段及情况	最高行驶速度
道口、交叉口、装卸作业、人行稠密地段、下坡道、设有警告标志处或转弯、调头时；货运汽车载运易燃易爆等危险货物时	15
结冰、积雪、积水的道路；恶劣天气能见度在30m以内时	10
进出厂房、仓库、车间大门、停车场、加油站、上下地中衡、危险地段、生产现场、倒车或拖带损坏车辆时	5

问 **72**　**是否所有的防雷装置都需要定期检测？**

答： 所有的防雷装置都需要定期检测。

‹ **参考1** 《防雷减灾管理办法》（中国气象局令第 20 号，第 24 号修改）

第十九条 投入使用后的防雷装置实行定期检测制度。防雷装置应当每年检测一次，对爆炸和火灾危险环境场所的防雷装置应当每半年检测一次。

‹ **参考2** 《防雷装置检测服务规范》（GB/T 32938—2016）

规范性附录 B

B.1 防雷装置检测项目：建筑物防雷分类、接闪器、引下线、接地装置、防雷区的划分、雷击电磁脉冲屏蔽、等电位连接、电涌保护器（SPD）等。

小结： 所有防雷装置都需要定期检测。

问 73 防静电工作服的标志有标准吗？

答： 有标准。

‹ **参考** 《防护服装防静电服》（GB 12014—2019）

第 7.1.1 条 每套服装上应有防静电图形符号标识，标识样式见《防护服 一般要求》GB/T 20097—2006 附录 B 所示。具体标识如下：

小结： 防静电工作服的标志参考 GB 12014—2019、GB/T 20097—2006 等标准。

问 74 什么情况下不发火花要考虑防静电措施？

答： ‹ **参考** 《建筑设计防火规范》（GB 50016—2014，2018 年版）

第 3.6.6 条 散发较空气重的可燃气体，可燃蒸汽的甲类厂房和有粉尘、纤维爆炸危险的乙类厂房，应符合下列规定：应采用不发火花的地面，采用绝缘材料作整体面层时，应采取防静电措施。

问 75 新能源汽车可以进入涉及易燃易爆化学品的化工厂吗？

答： 原料、产品的运输道路应布置在爆炸危险区域之外，非防爆的新能源汽车可以进入爆炸危险区域之外的道路，但不可进入涉及爆炸危险区域的场所。如新能源属于防爆的工业车辆，满足《爆炸性环境用工业车辆防爆技术通则》（GB/T 19854—2018）、《防爆工业车辆 第 1 部分：蓄电池工业车辆》（GB/T 26950.1—2011）等的要求方可进入。

‹ 参考 《爆炸危险场所安全规定》（1995 年 1 月 22 日施行）

第二十八条 爆炸危险场所使用的机动车辆应采取有效的防爆措施。

小结： 新能源汽车如不是防爆设计，进入防爆区域，存在成为点火源的风险，故不可进入涉及易燃易爆的场所，如满足防爆要求的新能源汽车，可进入涉及易燃易爆化学品的化工厂。

问 76 企业使用易制毒、易制爆化学品已有危化品管理制度，还必须单独制定易制毒、易制爆管理制度吗？

答： 应当单独制定易制毒、易制爆管理制度。

‹ 参考1 《易制毒化学品管理条例》（国务院令第 445 号，第 703 号修正）

第五条：……生产、经营、购买、运输和进口、出口易制毒化学品的单位，应当建立单位内部易制毒化学品管理制度。

‹ 参考2 《安监总局关于非药品类易制毒化学品监管工作的指导意见》（安监总管三〔2012〕79 号）

三、全面落实企业非药品类易制毒化学品管理责任

（六）健全完善各项非药品类易制毒化学品管理制度。企业要建立健全至少包括以下内容的非药品类易制毒化学品管理制度：企业负责人的管理职责和管理人员的岗位职责，非药品类易制毒化学品生产、出入库管理、

仓储安全管理制度，购销管理、购销合同管理、销售流向登记、销售记录管理、购买和运输凭证存档等制度，非药品类易制毒化学品信息系统填报制度，从业人员非药品类易制毒化学品知识教育培训制度，违法违规行为举报奖励制度等。

< **参考3** 《企业非药品类易制毒化学品规范化管理指南的通知》（安监总厅管三〔2014〕70号）

2.2 企业主要负责人是易制毒化学品管理第一责任人……建立健全易制毒化学品管理责任体系，批准实施企业易制毒化学品管理制度。

< **参考4** 《易制爆危险化学品治安管理办法》（公安部令第154号）

第二十五条 易制爆危险化学品从业单位应当设置治安保卫机构，建立健全治安保卫制度。

第二十八条 易制爆危险化学品从业单位应当建立易制爆危险化学品出入库检查、登记制度，定期核对易制爆危险化学品存放情况。

第三十条 构成重大危险源的易制爆危险化学品，应当在专用仓库内单独存放，并实行双人收发、双人保管制度。

小结： 企业使用易制毒、易制爆化学品，除制定危化品管理制度外，还须单独制定易制毒、易制爆管理制度。

问 **77** 安全台账保存期限依据是什么？

答： 参考《企业文件材料归档范围和档案保管期限规定》（国家档案局令第10号），安全生产工作文件材料保存期限参照规定附件"企业管理类档案保管期限表"第14.5条执行。

（1）安全技术管理制度、办法、总结，自然灾害、生产安全事故抢救、调查、处理文件材料，永久保存；

（2）安全技术管理规划、计划、通报、会议记录、安全体系建设文件材料等，保存30年；

（3）安全、消防教育、应急演练活动文件材料，保存10年。

小结： 安全台账保存期限可参考《企业文件材料归档范围和档案保管期限规定》根据安全台账的分类分为永久保存、30年和10年三个档次。

问 **78** 建立重点腐蚀部位台账的规定出自哪里？

答： 主要出自原国家安全监管总局发布的相关指导性文件。

参考 1 《国家安全监管总局关于加强化工过程安全管理的指导意见》（安监总管三〔2013〕88号）

第十六条：建立装置泄漏监（检）测管理制度。企业要统计和分析可能出现泄漏的部位、物料种类和最大量。定期监（检）测生产装置动静密封点，发现问题及时处理。定期标定各类泄漏检测报警仪器，确保准确有效。要加强防腐蚀管理，确定检查部位，定期检测，建立检测数据库。对重点部位要加大检测检查频次，及时发现和处理管道、设备壁厚减薄情况；定期评估防腐效果和核算设备剩余使用寿命，及时发现并更新更换存在安全隐患的设备。

参考 2 《国家安全监管总局关于加强化工企业泄漏管理的指导意见》（安监总管三〔2014〕94号）

（十一）加强化工装置源设备泄漏管理，提升泄漏防护等级。企业要根据物料危险性和泄漏量对源设备泄漏进行分级管理、记录统计。

（十六）建立和不断完善泄漏检测、报告、处理、消除等闭环管理制度。建立定期检测、报告制度，对于装置中存在泄漏风险的部位，尤其是受冲刷或腐蚀容易减薄的物料管线，要根据泄漏风险程度制定相应的周期性测厚和泄漏检测计划，并定期将检测记录的统计结果上报给企业的生产、设备和安全管理部门，所有记录数据要真实、完整、准确。企业发现泄漏要立即处置、及时登记、尽快消除，不能立即处置的要采取相应的防范措施并建立设备泄漏台账，限期整改。加强对有关管理规定、操作规程、作业指导书和记录文件以及采用的检测和评估技术标准等泄漏管理文件的管理。

小结： 重点腐蚀部位台账的规定来源于原国家安监总局发布的相关指导性文件，如《国家安全监管总局关于加强化工过程安全管理的指导意见》《国家安全监管总局关于加强化工企业泄漏管理的指导意见》等。

问 **79** 液化石油气用作燃料，按城镇燃气还是危险化学品管理？

答： 按照城镇燃气相关要求进行管理。

> **参考 1**　《城镇燃气管理条例》（国务院令第 583 号，第 666 号修正 ）

第二条　对燃气的定义为：本条例所称燃气，是指作为燃料使用并符合一定要求的气体燃料，包括天然气（含煤层气）、液化石油气和人工煤气等。

> **参考 2**　《危险化学品安全管理条例》（国务院令第 344 号，第 645 号修正 ）

第九十七条　法律、行政法规对燃气的安全管理另有规定的，依照其规定。即当液化石油气用作燃料时，应按照《城镇燃气管理条例》等燃气相关法规管理。

小结： 液化石油气用作燃料按照城镇燃气相关要求进行管理。

问 80　加油站作业区内能不能洗车？

答： 加油站作业区内不应进行车辆维修和洗车作业。

> **参考 1**　《加油站作业安全规范》（ AQ 3010—2022 ）

第 4.8 条　不应在作业区内进行车辆维修和洗车作业。

> **参考 2**　《汽车加油加气加氢站技术标准》（ GB 50156—2021 ）

第 2.1.18 条　作业区　operation area

汽车加油加气加氢站内布置工艺设备的区域。该区域的边界线为设备爆炸危险区域边界线加 3m，对柴油设备为设备外缘加 3m。

第 5.0.10 条　当汽车加油加气加氢站内设置非油品业务建筑物或设施时，不应布置在作业区内，与站内可燃液体或可燃气体设备的防火间距，应符合本标准第 4.0.4 条—第 4.0.8 条有关三类保护物的规定。

小结： 加油站作业区内不应进行车辆维修和洗车作业。

问 81　冶金是否属于高危行业？

答： 金属冶炼属于高危行业。

> **参考 1**　《中共中央、国务院关于推进安全生产领域改革发展的意见》（ 中共中央、国务院 2016 年 12 月 18 日发布 ）

（二十九）发挥市场机制推动作用。取消安全生产风险抵押金制度，建立健全安全生产责任保险制度，在矿山、危险化学品、烟花爆竹、交通运输、建筑施工、民用爆炸物品、金属冶炼、渔业生产等高危行业领域强制实施，切实发挥保险机构参与风险评估管控和事故预防功能。

参考2 《关于高危行业领域安全技能提升行动计划的实施意见》（应急〔2019〕107号）之"重点在化工危险化学品、煤矿、非煤矿山、金属冶炼、烟花爆竹等高危行业企业（以下简称高危企业）实施安全技能提升行动计划，推动从业人员安全技能水平大幅度提升。"

参考3 《应急管理部办公厅关于扎实推进高危行业领域安全技能提升行动的通知》（应急厅〔2020〕34号）之"督促危险化学品、煤矿、非煤矿山、金属冶炼、烟花爆竹等高危行业企业（以下简称高危企业）认真研究制定并组织实施本企业安全技能提升行动方案。"

参考4 应急部官网回复

咨询：《中华人民共和国安全生产法》（主席令〔2021〕第88号修正）第51条规定高危行业要投保安全生产责任保险，请问哪些行业才是高危行业，国家有什么规章文件规定作为依据吗？咨询时间：2022-03-09

回复：按照《安全生产责任保险实施办法》（安监总办〔2017〕140号）第六条规定，煤矿、非煤矿山、危险化学品、烟花爆竹、交通运输、建筑施工、民用爆炸物品、金属冶炼、渔业生产等属于国家规定的高危行业、领域的生产经营单位应当依法投保安全生产责任保险。回复单位：规划财务司；回复时间：2022-03-14

小结： 金属冶炼属于高危行业。

问 **82** 哪个标准对工业建筑和民用建筑有准确的定义？

答：《民用建筑设计术语标准》（GB/T 50504—2009）

2.2.2 民用建筑：供人们居住和进行各种公共活动的建筑的总称。

2.2.5 工业建筑：以工业性生产为主要使用功能的建筑。

第三章
安全培训和能力建设

以培训为羽翼，以能力为引擎，驱动安全素养飞升，护航安全征程。

——华安

问 83 对危险化学品使用企业的主要负责人的专业和学历有什么具体要求?

具体问题: 危险化学品的使用企业以及非危化品生产企业(一般化学品企业),对主要负责人的专业和学历有相关要求吗?

答: 相关要求如下:

> **参考1** 《危险化学品安全使用许可证实施办法》(国家安全监管总局令第 57 号,第 89 号修正)

　　第九条　企业主要负责人、分管安全负责人和安全生产管理人员必须具备与其从事生产经营活动相适应的安全知识和管理能力,参加安全资格培训,并经考核合格,取得安全合格证。

> **参考2** 国务院安全生产委员会印发的《全国安全生产专项整治三年行动计划的通知》(安委〔2020〕3 号)

　　附件3《危险化学品安全专项整治三年行动实施方案》要求:

　　(三)提升从业人员专业素质能力。2. 提高从业人员准入门槛。自 2020 年 5 月起,对涉及"两重点一重大"生产装置和储存设施的企业,新入职的主要负责人和主管生产、设备、技术、安全的负责人及安全生产管理人员必须具备化学、化工、安全等相关专业大专及以上学历或化工类中级及以上职称。

小结: 针对危险化学品的使用企业以及非危化品生产企业,若涉及"两重点一重大"生产装置和储存设施,其主要负责人的专业和学历应符合《危险化学品安全专项整治三年行动实施方案》的相关要求。对于不涉及"两重点一重大"生产装置和储存设施的,可参照执行或咨询属地地方要求。

问 84 主要负责人和安全生产管理人员自任职之日起 6 个月内,必须经安全生产监管部门考核合格的出处是哪?

答: 主要负责人和安全生产管理人员自任职之日起 6 个月内,必须经安全生产监管部门对其安全生产知识和管理能力考核合格,主要出处如下:

> **参考1** 《生产经营单位安全培训规定》(国家安全监管总局令第 3 号,第 80 号修正)

第二十四条　煤矿、非煤矿山、危险化学品、烟花爆竹、金属冶炼等生产经营单位主要负责人和安全生产管理人员，自任职之日起 6 个月内，必须经安全生产监管监察部门对其安全生产知识和管理能力考核合格。

‹ **参考 2**　《危险化学品企业重点人员安全资质达标导则（试行）》（应急危化二〔2021〕1 号）

第 2.2 条　有生产实体或者储存设施构成重大危险源的危险化学品企业，满足下列条件的专职安全生产管理人员需达到规定数量：c) 新入职 6 个月内接受不少于 48 学时的安全培训，取得相关安全生产知识和管理能力考核合格证书，每年再培训不少于 16 学时。

小结：《生产经营单位安全培训规定》和《危险化学品企业重点人员安全资质达标导则（试行）》等文件要求主要负责人和安全生产管理人员自任职之日起 6 个月内，必须经安全生产监管监察部门对其安全生产知识和管理能力考核合格。

问 85　被提拔为部门负责人，是否需要做专门的安全培训?

答： 被提拔为部门负责人需要做专门的安全培训。

员工被提拔为部分负责人，其岗位工作内容、安全生产责任、管理与技术等要求都发生了变化，需要重新安全培训并考核。

‹ **参考**　《生产经营单位安全培训规定》（国家安全监管总局令第 3 号，第 80 号修正）

第四条　生产经营单位应当进行安全培训的从业人员包括主要负责人、安全生产管理人员、特种作业人员和其他从业人员。生产经营单位从业人员应当接受安全培训，熟悉有关安全生产规章制度和安全操作规程，具备必要的安全生产知识，掌握本岗位的安全操作技能，了解事故应急处理措施，知悉自身在安全生产方面的权利和义务。未经安全培训合格的从业人员，不得上岗作业。

第十一条　明确规定"煤矿、非煤矿山、危险化学品、烟花爆竹、金属冶炼等生产经营单位必须对新上岗的临时工、合同工、劳务工、轮换工、协议工等进行强制性安全培训，保证其具备本岗位安全操作、自救互救以及应急处置所需的知识和技能后，方能安排上岗作业。"

第十七条 明确规定"从业人员在本生产经营单位内调整工作岗位或离岗一年以上重新上岗时，应当重新接受车间（工段、区、队）和班组级的安全培训。"

小结： 该员工属于其他从业人员，企业需要根据《生产经营单位安全培训规定》第十一、十七条内容要求，对该员工进行安全培训合格。如果属于管理岗位的，应当根据工作性质对其进行安全培训，保证其具备本岗位安全操作、应急处置等知识和技能，经考核合格后方可上岗。

问 86 化工、化学、安全等相关专业具体指哪些专业？

答： 化工、化学或安全管理相关专业要求的基本原则是相关人员应具有化工、化学或安全等相关知识，具备与岗位相匹配的安全风险辨识和管理能力。具体专业名称范围由各地结合实际确定。

参考1 教育部《普通高等学校本科专业目录（2020年版）》相关化工、化学或安全相关专业。

参考2 《江苏省应急管理厅关于加强危险化学品生产企业安全生产许可事中事后监管的通知》（苏应急函〔2022〕177号）

附件4 化学、化工、安全相关专业对照表（试行）

学历层次	学科门类	一级学科	
研究生	理学	化学	
	工学	材料科学与工程、化学工程与技术、石油与天然气工程、安全科学与工程、材料与化工	
学历层次	学科门类	专业类	专业名称
本科	理学	化学类	化学、应用化学、化学生物学、分子科学与工程、能源化学
		地质学类	地球化学
	工学	材料类	材料科学与工程、材料化学、高分子材料与工程
		化工与制药类	化学工程与工艺、制药工程、资源循环科学与工程、能源化学工程、化学工程与工业生物工程、化工安全工程、涂料工程、精细化工

续表

学历层次	学科门类	专业类	专业名称
本科	工学	轻工类	香精香料技术与工程、化妆品技术与工程
		环境科学与工程类	环境科学与工程、环境工程
		食品科学与工程类	酿酒工程、白酒酿造工程
		安全科学与工程类	安全工程、应急技术与管理
	农学	植物生产类	农药化肥
	医学	药学类	药物制剂、药物化学、化妆品科学与技术

学历层次	专业大类	专业类	专业名称
高等职业教育（专科）	资源环境与安全大类	石油与天然气类	油气储运技术、油田化学应用技术、石油工程技术
		环境保护类	环境工程技术
		安全类	安全健康与环保、化工安全技术、救援技术、安全技术与管理、工程安全评价与监理、安全生产监测监控
	能源动力与材料大类	热能与发电工程类	电厂化学与环保技术
		非金属材料类	材料工程技术、高分子材料工程技术、复合材料工程技术、硅材料制备技术、橡胶工程技术
	生物与化工大类	生物技术类	食品生物技术、化工生物技术、农业生物技术
		化工技术类	应用化工技术、石油炼制技术、石油化工技术、高分子合成技术、精细化工技术、海洋化工技术、工业分析技术、化工装备技术、化工自动化技术、涂装防护技术、煤化工技术
	轻工纺织大类	轻化工类	高分子材料加工技术、香料香精工艺、化妆品技术
	食品药品与粮食大类	食品工业类	酿酒技术
其他相近专业	本科、硕士研究生期间学习过大学化学（基础化学）、无机化学、有机化学、物理化学、分析化学、结构化学、化工原理、化工热力学、化学工艺学、化工仪表及自动化、化工机械、生物化学、环境化学、高分子化学、安全学原理、安全系统工程、化工安全管理等2门及以上的化学工程类课程，并取得学分；或硕士、博士研究生毕业论文方向为化工或安全相关方向		

备注：以上专业名称引自《研究生教育学科专业目录（2022年)》《普通高等学校本科专业目录（2020年版)》《普通高等学校高等职业教育（专科）专业目录》

参考3 《四川省安全生产委员会办公室关于化工（危险化学品）企业重点人员安全资质专业类别有关事项的通知》(川安办函〔2023〕61号）

化学、化工相关专业对照表

学历层次	专业大类	专业名称
博士研究生	理学、工学（含学术型和专业学位）门类所有专业	
	植物保护	农药学
	教育（专业学位）	学科教学（化学）
硕士研究生	化学	化学、无机化学、分析化学、有机化学、物理化学、高分子化学与物理
	物理学	原子与分子物理
	生物学	生物化学与分子生物学
	地质学	地球化学
	海洋科学	海洋化学
	药学	药学、药物化学、药剂学、药物分析学、微生物与生化药学
	化学工程与技术	化学工程与技术、化学工程、化学工艺、生物化工、应用化学、工业催化
	材料科学与工程	材料科学与工程、材料物理与化学、材料学、材料加工工程
	环境科学与工程	环境科学与工程、环境科学、环境工程
	石油与天然气工程	石油与天然气工程、油气井工程、油气田开发工程、油气储运工程
	轻工技术与工程	皮革化学与工程
	纺织科学与工程	纺织化学与染整工程
	冶金工程	冶金物理化学
	林业工程	林产化学加工工程
	生物工程	生物工程

续表

学历层次	专业大类	专业名称
硕士研究生	动力工程及工程热物理	化工过程机械、动力机械及工程、流体机械及工程
	机械工程	机械工程
	电气工程	电气工程
	仪器科学与技术	仪器科学与技术
	控制科学与工程	控制科学与工程、控制理论与控制工程、检测技术与自动化装置、系统工程
	兵器科学与技术	军事化学与烟火技术
	生物医学工程	生物医学工程
	植物保护	农药学
	材料与化工（专业学位）	材料与化工、材料工程、化学工程、轻化工程
	资源与环境（专业学位）	资源与环境、环境工程、安全工程、石油与天然气工程
	生物与医药（专业学位）	生物与医药、制药工程
	能源动力（专业学位）	电气工程、储能技术
	机械（专业学位）	机械工程
	电子信息（专业学位）	控制工程、仪器仪表工程、生物医学工程
	教育（专业学位）	学科教学（化学）
普通高等学校本科	化学类	化学、应用化学、化学生物学、分子科学与工程、能源化学、化学测量学与技术、资源化学
	地质学类	地球化学
	药学类	药物化学、药物分析、药物制剂、化妆品科学与技术
	化工与制药类	化学工程与工艺、制药工程、资源循环科学与工程、能源化学工程、化学工程与工业生物工程、化工安全工程、涂料工程、精细化工

续表

学历层次	专业大类	专业名称
普通高等学校本科	材料类	材料科学与工程、材料化学、无机非金属材料工程、高分子材料与工程、复合材料与工程、功能材料、纳米材料与技术、新能源材料与器件、材料设计科学与工程
	环境科学与工程类	环境科学与工程、环境工程、环境科学、水质科学与技术
	矿业类	石油工程、油气储运工程、海洋油气工程、碳储科学与工程
	能源动力类	储能科学与工程
	轻工类	轻化工程、香料香精技术与工程、化妆品技术与工程
	林业工程类	林产化工
	核工程类	核化工与核燃料工程
	机械类	机械工程、过程装备与控制工程、机械电子工程
	仪器类	测控技术与仪器、智能感知工程
	电气类	电气工程及其自动化、电气工程与智能控制
	自动化类	自动化、智能装备与系统、工业智能
	植物生产类	农药化肥、生物农药科学与工程
高等职业教育本科	化工技术类	应用化工技术、化工智能制造工程技术、现代精细化工技术、现代分析测试技术
	轻化工类	化妆品工程技术
	非金属材料类	高分子材料工程技术、新材料与应用技术
	环境保护类	生态环境工程技术
	石油与天然气类	油气储运工程、石油工程技术
	药品与医疗器械类	制药工程技术
	自动化类	机械电子工程技术、电气工程及自动化、智能控制技术、自动化技术与应用、现代测控工程技术、工业互联网工程
	化工技术类	应用化工技术、石油炼制技术、精细化工技术、石油化工技术、煤化工技术、高分子合成技术、海洋化工技术、分析检验技术、化工智能制造技术、化工装备技术、化工自动化技术、涂装防护技术
	非金属材料类	材料工程技术、高分子材料智能制造技术、复合材料智能制造技术、非金属矿物材料技术、光伏材料制备技术、炭材料工程技术、硅材料制备技术、橡胶智能制造技术

续表

学历层次	专业大类	专业名称
高等职业教育专科	环境保护类	环境监测技术、环境工程技术、资源综合利用技术、水净化与安全技术
	石油与天然气类	油气储运技术、油田化学应用技术、石油工程技术
	药品与医疗器械类	药品生产技术、生物制药技术、药物制剂技术、化学制药技术、兽药制药技术、制药设备应用技术、药品质量与安全、化妆品质量与安全
	新能源发电工程类	氢能技术应用、新能源材料应用技术
	轻化工类	化妆品技术、香料香精技术与工艺
	热能与发电工程类	电厂化学与环保技术
	生物技术类	化工生物技术
	机电类	机电设备维修与管理
	自动化类	机电一体化技术、智能机电技术、智能控制技术、电气自动化技术、工业过程自动化技术、工业自动化仪表技术、液压与气动技术、工业互联网应用
	安全类	化工安全技术
中等职业教育	化工技术类	化学工艺、石油炼制技术、精细化工技术、高分子材料加工工艺、橡胶工艺、林产化工技术、分析检验技术、化工机械与设备、化工仪表及自动化
	轻化工类	化妆品制造技术
	环境保护类	环境监测技术、环境治理技术
	石油与天然气类	油气储运
	药品与医疗器械类	制药技术应用
	热能与发电工程类	火电厂水处理及化学监督
	生物技术类	生物化工技术应用
	自动化类	机电技术应用、电气设备运行与控制、工业自动化仪表及应用、液压与气动技术应用
技工教育	化工类	石油炼制、化工工艺、化工分析与检验、精细化工、生物化工、高分子材料加工、煤化工、磷化工、化工安全管理
	能源类	石油天然气储运与营销、储能材料制备、氢能制备与应用

续表

学历层次	专业大类	专业名称
技工教育	医药类	药物制剂、化学制药、生物制药、药物分析与检验
	轻工类	染整技术、化纤生产技术
	建筑类	硅酸盐材料制品生产
	电工电子类	电机电器装配与维修、电气自动化设备安装与维修、工业自动化仪器仪表装配与维护、化工仪表及自动化、工业互联网与大数据应用
	机械类	化工机械维修、机械设备装配与自动控制、机电设备安装与维修、机电一体化技术、工业机械自动化装调
	信息类	工业互联网技术应用
	其他	环境保护与监测

小结： 化工、化学或安全管理相关专业要求的基本原则是相关人员应具有化工、化学或安全等相关知识，具备与岗位相匹配的安全风险辨识和管理能力。具体专业名称范围由各地结合实际确定。

问 87 非化工专业的化工安全类注册安全工程师能否任命为企业专职安全生产管理人员？

答： 非化工专业的化工安全类注册安全工程师可以作为企业专职安全生产管理人员。

‹ **参考1** 根据中共中央办公厅 国务院办公厅印发的《关于全面加强危险化学品安全生产工作的意见》（厅字〔2020〕3号）要求，专职安全生产管理人员要具备中级及以上化工专业技术职称或化工安全类注册安全工程师资格。

‹ **参考2** 《关于印发的〈2021年危险化学品安全培训网络建设工作方案〉等四个文件的通知》（应急危化二〔2021〕1号）

附件2 《危险化学品企业重点人员安全资质达标导则（试行）》（应急危化二〔2021〕1号）

2.2 有生产实体或者储存设施构成重大危险源的危险化学品企业，满足下列条件的专职安全生产管理人员需达到规定数量：

a）具有化工安全相关专业大专及以上学历，或化工相关专业中级及以上专业技术职称，或化工安全相关工种技师及以上技能等级，或化工安全类注册安全工程师资格；

b）具有3年以上化工行业从业经历；

c）新入职6个月内接受不少于48学时的安全培训，取得相关安全生产知识和管理能力考核合格证书，每年再培训不少于16学时。其他危险化学品企业专职安全生产管理人员满足条件c）即可。

小结： 非化工专业的化工安全类注册安全工程师可以作为企业专职安全生产管理人员。

问 88 企业专职安全生产管理人员配备比例是否包含劳务派遣工？

答： 企业专职安全生产管理人员配备比例包含劳务派遣工。

参考1 《中华人民共和国安全生产法释义》（中国法制出版社，2021.6）第六条 一、从业人员安全生产方面的权利本法所称的生产经营单位的从业人员，是指该单位从事生产经营活动各项工作的所有人员，包括管理人员、技术人员和各岗位的工人，也包括生产经营单位临时聘用的人员和被派遣劳动者。

参考2 《生产经营单位安全培训规定》（国家安全监管总局令第3号，第80号修正）第七章附则第三十二条、生产经营单位其他从业人员是指除主要负责人、安全生产管理人员和特种作业人员以外，在该单位从事生产经营活动的所有人员，包括其他负责人、其他管理人员、技术人员和各岗位的工人以及临时聘用的人员。

参考3 《关于危险化学品企业贯彻落实〈国务院关于进一步加强企业安全生产工作的通知〉的实施意见》，企业要设置安全生产管理机构，并配备专职安全生产管理人员。专职安全生产管理人员应不少于企业员工总数的2%，并具备相关专业中专以上学历和2年以上相关工作经历。

小结： 企业专职安全生产管理人员应不少于企业员工总数的2%，包含劳务派遣工。

问 89　兼职安全生产管理人员需要取得安全培训合格证吗？

具体问题： 非安环部等部门的兼职安全生产管理人员如班组长、非安全技术员是否需要取得安全培训合格证？

答： 建议取证。虽然目前没有明确文件或者规范要求企业兼职安全生产管理员必须持证上岗，但兼职安全生产管理人员须具备相应的安全生产知识和管理能力，尤其是企业未设置专职安全生产管理人员时，故建议对兼职安全生产管理人员取证。

◁ 参考　《中华人民共和国安全生产法》（主席令〔2021〕第88号修正）

第二十七条　生产经营单位的主要负责人和安全生产管理人员必须具备与本单位所从事的生产经营活动相应的安全生产知识和管理能力。

小结： 建议企业兼职安全生产管理人员取得安管人员培训合格证后上岗。

问 90　企业安全生产委员会的成员必须持有安全生产管理人员合格证吗？

答： 不需要。

◁ 参考1　《中华人民共和国安全生产法》（主席令〔2021〕第88号修正）

第二十七条　生产经营单位的主要负责人和安全生产管理人员必须具备与本单位所从事的生产经营活动相应的安全生产知识和管理能力。

◁ 参考2　《生产经营单位安全培训规定》（国家安全监管总局令第3号，第80号修正）

第二十四条　煤矿、非煤矿山、危险化学品、烟花爆竹、金属冶炼等生产经营单位主要负责人和安全生产管理人员，自任职之日起6个月内，必须经安全生产监管监察部门对其安全生产知识和管理能力考核合格。

小结： 安委会成员除了主要负责人、安全生产管理人员需要取证外，其他人员目前没有相关明确规定需要取证上岗。

问 91 注册安全工程师资格证书能替代安全生产管理人员知识和能力考核合格证吗？

答： 取得注册安全工程师执业证，可以视为其安全生产知识和管理能力考核合格，可以向安全资格考核发证部门申请安全生产管理人员资格证。

> **参考1** 《注册安全工程师分类管理办法》（安监总人事〔2017〕118号）

　　第十四条　明确规定"取得注册安全工程师职业资格证书并经注册的人员，表明其具备与所从事的生产经营活动相应的安全生产知识和管理能力，可视为其安全生产知识和管理能力考核合格。"

> **参考2** 《国家安全监管总局关于生产经营单位安全生产管理人员中注册安全工程师安全培训考核有关问题的通知》（安监总培训〔2009〕239号）

　　二、煤矿、非煤矿山以及危险物品的生产、经营、储存单位安全生产管理人员中的注册安全工程师，经所在单位审核，可以凭本人注册安全工程师执业证，向安全资格考核发证部门申请安全生产管理人员安全资格证。其他生产经营单位安全生产管理人员中的注册安全工程师，经所在单位审核，可以凭本人注册安全工程师执业证，向有关发证部门或机构申请安全生产管理人员安全培训合格证。

　　三、生产经营单位安全生产管理人员中的注册安全工程师，经初始注册的，视同已接受安全生产管理人员安全培训考核合格。经注册安全工程师继续教育并延续注册、重新注册的，视同已接受安全生产管理人员安全再培训考核合格。在本通知印发之日前，已接受安全资格培训的，其学时可以计算为注册安全工程师继续教育的学时。

> **参考3** 应急管理部网站咨询留言。咨询：领导：你好，我是一名从事海上石油作业安全生产管理人员，已经取得注册安全工程师证书并已经在公司注册，根据《关于印发注册安全工程师分类管理办法的通知》（安监总人事〔2017〕118号）取得注册安全工程师职业资格证并经注册的人员，表明其具备与所从事的生产经营活动相应的安全生产知识和管理能力，可视为其安全生产知识和管理能力考核合格。这样的话，我还需要单独取得安全生产知识和管理能力考核证书吗？咨询时间：2023-04-19

回复：不需要。回复单位：危险化学品安全监督管理二司；回复时间：2023-07-07

◁ **参考4** 《国家安全监管总局关于印发安全生产资格考试与证书管理暂行办法的通知》(安监总培训〔2013〕104号)

附件"安全生产资格考试与证书管理暂行办法"第二十五条　生产经营单位主要负责人、安全生产管理人员取得注册安全工程师执业证，并符合安全资格准入学历、专业工作经历等条件的，可以向考核发证部门申领相应类别的安全资格证书。

目前实际大多数属地安全监管部门皆要求企业取得注册安全工程师职业资格证书并经注册的安全生产管理人员，仍然要参加属地安全监管部门组织的安全生产知识和管理能力考核、每年定期参加复审，并作为一些行政审批的前置条件，建议用人单位具体实施咨询当地相关管理部门。

小结： 取得注册安全工程师并经注册的人员，可视为其安全生产知识和管理能力考核合格，经所在单位审核，可以凭本人注册安全工程师执业证，向安全资格考核发证部门申请安全生产管理人员安全合格证。具体情况还需要按照各省市有关文件要求执行。

问 **92** 安全评价师职业资格可否作为化工类中级及以上职称？

答： 安全评价师职业资格不属于化工操作或管理类技术职称，不符合化工中级职称要求。

◁ **参考** 安全评价师在2020年已退出《国家职业资格目录（2021年版）》，列为职能技术等级证书，非人力资源和社会保障部颁发的资格证书，实行社会化等级认定，接受市场和社会认可与检验。

小结： 安全评价师职业资格不能作为化工类中级及以上职称。

问 **93** 中专或中技非化工类专业能否满足高危岗位操作工学历要求？

答： 具有10年以上有关岗位从业经历，不满10年但2023年12月31日前按规定需持证上岗的已取证、已报名参加有关专业学历提升、每年接受再培训基础上，按要求接受一定课时的化工安全技术技能基础培训，并经考试合格则符合要求，否则不符合。

> **参考1** 参照2021.08.06"应急管理部"关于学历问题的回复，中专或中技非化工专业不符合《危险化学品企业重点人员安全资质达标导则》的要求。

> **参考2** 应急管理部《关于印发的〈2021年危险化学品安全培训网络建设工作方案〉等四个文件的通知》（应急危化二〔2021〕1号）

附件2 《危险化学品企业重点人员安全资质达标导则》（试行）如下：

2.5 涉及重大危险源、重点监管化工工艺的生产装置和储存设施的操作人员（以下简称高风险岗位操作人员），需具有化工职业教育背景（含技工教育）或高中及以上学历或取得有关类别中级及以上技能等级，上岗前安全培训不少于72学时，每年再培训不少于20学时，其中特种作业人员需持证上岗。

3.2 本导则印发前已经在当前企业任职的高风险岗位操作人员，具有10年以上有关岗位从业经历的（需取证的已取证），可视为达到安全资质条件。

3.4 本导则印发前在当前岗位任职6个月以上，但达不到安全资质条件的高风险操作岗位人员，若满足以下条件，2023年12月31日前可继续任职：

a）按规定需持证上岗的已取证；

b）已报名参加有关专业学历提升；

c）每年接受再培训基础上，按要求接受一定课时的化工安全技术技能基础培训，并经考试合格。

问 94 仪表工是否需要取得低压电工证？

具体问题： 根据现行"现场部分电仪设备（PLC、变频器）维护管理职责划分"，所有现场安装的PLC及配套控制系统由仪表专业负责，控制柜（箱）内总电源进线及柜内电动机主回路由电气负责，仪表专业许多PLC控制回路检维修作业涉及220V、380V电压，实际情况仪表工只有化工自动化控制仪表作业证，无低压电工特种作业证，仪表工操作是否需要取得低压电工证，持证上岗？

答： 仪表工没有要求必须取得电工证。

企业仪表工一般从事化工自动化控制仪表系统安全、维修、维护的作业，需要取得化工自动化控制仪表作业。但低压电气的操作，必须取得低压电工证。

> **参考1** 《特种作业人员安全技术培训考核管理规定》（国家安全监督管理总局令第30号，第80号修正）附件第9.16条 化工自动化控制仪表作业 指化工自动化控制仪表系统安装、维修、维护的作业。

> **参考2** 《国家安全监管总局关于印发特种作业安全技术实际操作考试标准及考试点设备配备标准（试行）的通知》（安监总宣教〔2014〕139号）

附件 《化工自动化控制仪表作业安全技术实际操作考试标准》，本考试标准包含了低压电气相关考核知识与实际操作项目，故仪表工操作在取得化工自动化控制仪表作业证并专门从事化工自动化控制仪表作业，不需要另外取得低压电工证。

问 95 从事裂解化工工艺的岗位操作人员是否均需取证？还是每个班组一人取证即可？

答： 从事裂解化工工艺的岗位操作人员均要取证。

裂解（裂化）工艺作业列入特种作业目录，指石油系的烃类原料裂解（裂化）岗位的作业。适用于热裂解制烯烃工艺，重油催化裂化制汽油、柴油、丙烯、丁烯，乙苯裂解制苯乙烯，二氟一氯甲烷（HCFC-22）热裂解制得四氟乙烯（TFE），二氟一氯乙烷（HCFC-142b）热裂解制得偏氟乙烯（VDF），四氟乙烯和八氟环丁烷热裂解制得六氟乙烯（HFP）工艺过程的操作作业。

> **参考** 《特种作业人员安全技术培训考核管理规定》（国家安全监督管理总局令第30号，第80号修正）第五条 特种作业人员必须经专门的安全技术培训并考核合格，取得《中华人民共和国特种作业操作证》后，方可上岗作业。

小结： 从事涉及裂解工艺过程操作作业的岗位所有人员，必须持相应的特种作业操作证后方可上岗作业。

问 96 中控室操作人员未取得化工自动化控制仪表作业证，是否构成重大事故隐患？

答： 需根据情况判定。

‹ 参考1 《特种作业人员安全技术培训考核管理规定》（国家安全监督管理总局令第 30 号，第 80 号修正）附件"特种作业目录"

9　危险化学品安全作业之

9.16　化工自动化控制仪表作业，指化工自动化控制仪表系统①安装、②维修、③维护的作业。

9.16 节未包含"仪表操作"类别，所以单纯的仪表操作人员不属于《特种作业人员安全技术培训考核管理规定》（国家安全监督管理总局令第 30 号，第 80 号修正）规定的需要持化工自动化控制仪表作业证的特种作业人员，因此"未取得化工自动化控制仪表作业证"，不能按照无证上岗来管理。

‹ 参考2 《化工和危险化学品生产经营单位重大生产安全事故隐患判定标准（试行）》（安监总管三〔2017〕121 号）

第二条说的是"特种作业人员未持证上岗"主要是指按照《特种作业人员安全技术培训考核管理规定》（国家安全监督管理总局令第 30 号，第 80 号修正）的如下情形：

1. 企业应取得但未取得特种作业人员操作证，判定为重大隐患。需要关注的是：化工自动化控制仪表安装、维修、维护作业人员取证超期未复审的，视为未取证。

2. 特种作业人员已经参加培训并取得了培训机构培训考核合格证明的不判定为重大隐患。

3. 若当地安监部门未开展相关培训发证工作，不判为重大隐患。

‹ 参考3 特种作业人员未持证上岗应纳入重大事故隐患，中控室操作人员未取得化工自动化控制仪表作业证是否属于重大隐患，可按以下判定：

1. 单纯的中控室操作人员未取得化工自动化控制仪表作业证，不属于重大隐患。

2. 中控室的操作岗位人员如涉及危险化工工艺，应取得相应危险化工工艺的特种作业操作证，否则直接判定为重大隐患。

3. 中控室 DCS、SIS 等系统需要有人员取得化工自动化控制仪表特种作业证方可进行安装、维护维修、检测等作业，如无人取证进行相关作业，也直接判定为重大隐患。

小结： 部分中控室操作人员未取得化工自动化控制仪表作业证，是否构成重大隐患需根据情况判定。

问 97 对中控室每班配备具有化工自动化控制仪表作业资质人员的数量是否有要求？

答： 对中控室每班配备具有化工自动化控制仪表作业资质人员的数量没有具体要求。

涉及化工自动化控制仪表安装维护、维修的岗位人员才需要持有化工自动化控制仪表特种作业证书；其他涉及重点监管工艺的，取得相应证书就行。不涉及重点监管工艺的中控室操作人员无要求需要持证，企业内部培训并考核合格即可。

具体配备数量企业内部可根据自身班次、生产规模等实际，确保符合相关特种作业人员持证上岗要求。

参考 《特种作业人员安全技术培训考核管理规定》（国家安全监督管理总局令第 30 号，第 80 号修正）附件 特种作业目录：化工自动化控制仪表作业指化工自动化控制仪表系统安装、维修、维护的作业。

小结： 对中控室操作人员每班配备具有化工自动化控制仪表作业资质人员数量无具体要求，企业可根据自身班次、生产规模按实际需要配备。

问 98 从事裂解化工工艺的岗位操作人员是否需要同时取得加氢化工工艺特种作业操作证？

答： 视情况而定。

若该裂解装置某岗位操作人员仅涉及裂解（裂化）工艺操作而不涉及加氢工艺操作，则该操作人员取得裂解（裂化）工艺操作资格证即可；若该裂解装置某岗位操作人员同时涉及裂解（裂化）工艺操作和加氢工艺操作，则该操作人员需要分别取得裂解（裂化）工艺、加氢工艺操作资格证。

‹ **参考** 《特种作业人员安全技术培训考核管理规定》（国家安全监督管理总局令第 30 号，第 80 号修正）危险化学品安全作业取证类型是按岗位、工艺区分。其中裂解（裂化）工艺作业指石油系的烃类原料裂解（裂化）岗位的作业，该类别操作资格证适用于热裂解制烯烃工艺，重油催化裂化制汽油、柴油、丙烯、丁烯，乙苯裂解制苯乙烯，二氟一氯甲烷（HCFC-22）热裂解制得四氟乙烯（TFE），二氟一氯乙烷（HCFC-142b）热裂解制得偏氟乙烯（VDF），四氟乙烯和八氟环丁烷热裂解制得六氟乙烯（HFP）工艺过程的操作作业，该类别操作资格证适用范围不包含加氢工艺作业。

小结： 裂解岗位人员为单一岗位操作，只需要取得裂解（裂化）工艺操作资格证，如涉及多个岗位，则需要按涉及的岗位作业分别取证。

问 99 承包商人员的培训学时是否有标准规定？培训内容是什么？

答： 目前化工企业对于外来承包商人员进场作业前的安全培训学时没有相关文件或标准明确规定。各企业可根据承包商人员具体工作制入场安全教育内容和计划，包括但不限制于企业安全规章制度；作业现场的安全和应急处置要求；作业许可管理要求；典型事故案例；施工现场的安全、健康及环保要求；施工现场的职业危害因素、个体防护用品的使用要求；施工现场的应急响应和处置；事故调查报告、法律法规要求的其他内容、安全交底（作业区域情况；作业现场的危险、有害因素……）、技术交底、施工方案等相关内容。

问 100 承包商作业人员进入现场施工是否需要进行班组教育？

具体问题： 承包商作业人员进入现场施工需要进行班组（级）教育吗？

比如说就短期的设备检修?

答：是否需要进行班组教育，企业可以根据项目承包商作业内容实际决定。

参考1《企业安全生产标准化基本规范》（GB/T 33000—2016）

5.3.2.3　外来人员

企业应对进入企业从事服务和作业活动的承包商、供应商的从业人员和接收的中等职业学校、高等学校实习生，进行入厂（矿）安全教育培训，并保存记录。

外来人员进入作业现场前，应由作业现场所在单位对其进行安全教育培训，并保存记录。主要内容包括：外来人员入厂（矿）有关安全规定、可能接触到的危害因素、所从事作业的安全要求、作业安全风险分析及安全控制措施、职业病危害防护措施、应急知识等。

参考2《国家安全监管总局关于加强化工过程安全管理的指导意见》（安监总管三〔2013〕88号）

九、承包商管理

（二十）严格承包商管理制度。企业要对承包商作业人员进行严格的入厂安全培训教育，经考核合格的方可凭证入厂，禁止未经安全培训教育的承包商作业人员入厂。

（二十一）落实安全管理责任。承包商进入作业现场前，企业要与承包商作业人员进行现场安全交底，审查承包商编制的施工方案和作业安全措施，与承包商签订安全管理协议，明确双方安全管理范围与责任。现场安全交底的内容包括：作业过程中可能出现的泄漏、火灾、爆炸、中毒窒息、触电、坠落、物体打击和机械伤害等方面的危害信息。承包商要确保作业人员接受了相关的安全培训，掌握与作业相关的所有危害信息和应急预案。企业要对承包商作业进行全程安全监督。

参考3《危险化学品企业安全风险隐患排查治理导则》（应急〔2019〕78号）

（八）承包商管理

1. 企业应对承包商的所有人员进行入厂安全培训教育，经考核合格发放入厂证，禁止未经安全培训教育合格的承包商作业人员入厂；

2. 进入作业现场前，作业现场所在基层单位应对承包商作业人员进行安全培训教育和现场安全交底。

小结：承包商作业人员进入企业现场施工前，应接受企业的入厂安全教育及施工现场安全培训，教育培训内容应符合要求。对于承包商作业人员是否需要进行班组教育，企业可以根据项目承包商作业内容决定。

问 101 企业雇用临时工是否需要进行安全教育培训？

答：企业雇用临时工需要安全教育培训合格后上岗。

‹ **参考** 《生产经营单位安全培训规定》（国家安全监管总局令第3号，第80号修正）

第十一条 煤矿、非煤矿山、危险化学品、烟花爆竹、金属冶炼等生产经营单位必须对新上岗的临时工、合同工、劳务工、轮换工、协议工等进行强制性安全培训，保证其具备本岗位安全操作、自救互救以及应急处置所需的知识和技能后，方能安排上岗作业。

小结：企业雇用临时工需要安全教育培训合格后上岗。

问 102 安全生产教育和培训的主要内容是什么？

答：有关安全生产法律法规、规章制度和安全操作规程，安全生产知识，安全操作技能，应急处理措施等。主要负责人、安全生产管理人员以及从业人员的培训各有侧重。

‹ **参考1** 《生产经营单位安全培训规定》（国家安全监管总局令第3号，第80号修正）

第七条 生产经营单位主要负责人安全培训应当包括下列内容：

（一）国家安全生产方针、政策和有关安全生产的法律法规、规章及标准；

（二）安全生产管理基本知识、安全生产技术、安全生产专业知识；

（三）重大危险源管理、重大事故防范、应急管理和救援组织以及事故调查处理的有关规定；

（四）职业危害及其预防措施；

（五）国内外先进的安全生产管理经验；

（六）典型事故和应急救援案例分析；

（七）其他需要培训的内容。

第八条 生产经营单位安全生产管理人员安全培训应当包括下列内容：

（一）国家安全生产方针、政策和有关安全生产的法律法规、规章及标准；

（二）安全生产管理、安全生产技术、职业卫生等知识；

（三）伤亡事故统计、报告及职业危害的调查处理方法；

（四）应急管理、应急预案编制以及应急处置的内容和要求；

（五）国内外先进的安全生产管理经验；

（六）典型事故和应急救援案例分析；

（七）其他需要培训的内容。

第十四条 厂（矿）级岗前安全培训内容应当包括：

（一）本单位安全生产情况及安全生产基本知识；

（二）本单位安全生产规章制度和劳动纪律；

（三）从业人员安全生产权利和义务；

（四）有关事故案例等。煤矿、非煤矿山、危险化学品、烟花爆竹、金属冶炼等生产经营单位厂（矿）级安全培训除包括上述内容外，应当增加事故应急救援、事故应急预案演练及防范措施等内容。

第十五条 车间（工段、区、队）级岗前安全培训内容应当包括：

（一）工作环境及危险因素；

（二）所从事工种可能遭受的职业伤害和伤亡事故；

（三）所从事工种的安全职责、操作技能及强制性标准；

（四）自救互救、急救方法、疏散和现场紧急情况的处理；

（五）安全设备设施、个人防护用品的使用和维护；

（六）本车间（工段、区、队）安全生产状况及规章制度；

（七）预防事故和职业危害的措施及应注意的安全事项；

（八）有关事故案例；

（九）其他需要培训的内容。

第十六条 班组级岗前安全培训内容应当包括：

（一）岗位安全操作规程；

（二）岗位之间工作衔接配合的安全与职业卫生事项；

（三）有关事故案例；

（四）其他需要培训的内容。

‹ **参考2** 《中华人民共和国安全生产法释义》（中国法制出版社，2021.6）

第二十八条条文释义，安全生产教育和培训的内容，主要包括以下几个方面：

（一）安全生产的方针、政策、法律法规以及安全生产规章制度的教育和培训；

（二）安全操作技能的教育和培训，我国目前一般实行入厂教育、车间教育和现场教育的三级教育和培训；

（三）安全技术知识教育和培训，包括一般性安全技术知识，如单位生产过程中不安全因素及规律、预防事故的基本知识、个人防护用品的佩戴使用、事故报告程序等，以及专业性的安全技术知识，如防火、防爆、防毒等知识；

（四）发生生产安全事故时的应急处理措施，以及相关的安全防护知识；

（五）从业人员在生产过程中的相关权利和义务；

（六）特殊作业岗位的安全生产知识和操作要求等。

小结： 生产经营单位从业人员应当接受安全培训，熟悉有关安全生产规章制度和安全操作规程，具备必要的安全生产知识，掌握本岗位的安全操作技能，了解事故应急处理措施，知悉自身在安全生产方面的权利和义务。

问 103 非生产一线岗位需要三级安全教育培训吗？如何开展？

答： 严格意义上说三级安全教育培训是指生产一线人员，对非生产一线岗位的三级安全教育培训，宜根据工作性质对其他从业人员进行安全培训，保证其具备本岗位安全操作、应急处置等安全知识和技能。

‹ **参考** 《生产经营单位安全培训规定》（国家安全监管总局令第3号，第80号修正）第四条　生产经营单位应当进行安全培训的从业人员包括主要负责人、安全生产管理人员、特种作业人员和其他从业人员。

第十二条　加工、制造业等生产单位的其他从业人员，在上岗前必须经过厂（矿）、车间（工段、区、队）、班组三级安全培训教育。

　　生产经营单位应当根据工作性质对其他从业人员进行安全培训，保证其具备本岗位安全操作、应急处置等知识和技能。

　　三级安全教育培训一般是指针对生产经营单位其他从业人员新工人入厂的公司级、车间级、班组级安全教育培训（包括新上岗的临时工、合同工、劳务工、轮换工、协议工等进行强制性安全培训）。

小结： 严格意义上说三级安全教育培训是指生产一线人员。对非一线人员也执行三级教育培训并建档，从全员安全的角度，并不为过。但不能"眉毛胡子一把抓"，更不能随意曲解和扩大文件的范围和要求，更不能为了培训而培训，把培训弄成了形式主义的过场，甚至造假培训记录。建议非一线从业人员要结合岗位性质特点开展安全培训，注重实质和效果。

　　企业非生产一线岗位安全教育培训如何开展，可参考《生产经营单位安全培训规定》等规定，结合企业实际进行。

问 104　实习生的三级安全教育和正式员工一样吗？

答： 实习生的三级安全教育和正式员工一样。

　　◄　参考 　《生产经营单位安全培训规定》（国家安全监管总局令第3号，第80号修正）第十一条　煤矿、非煤矿山、危险化学品、烟花爆竹、金属冶炼等生产经营单位必须对新上岗的临时工、合同工、劳务工、轮换工、协议工等进行强制性安全培训，保证其具备本岗位安全操作、自救互救以及应急处置所需的知识和技能后，方能安排上岗作业。

小结： 实习生的三级安全教育和正式员工一样。

问 105　安全培训的学时是怎么规定的？

答： 相关参考如下：

　　◄　参考 　《生产经营单位安全培训规定》（国家安全监管总局令第3号，第80号修正）第九条　生产经营单位主要负责人和安全生产管理人员初次安全培训时间不得少于32学时。每年再培训时间不得少于12学时。煤矿、非煤矿山、危险化学品、烟花爆竹、金属冶炼等生产经营单位主要负责人和安全生产管理人员初次安全培训时间不得少于 48 学时，每年再培训时间不得少于 16 学时。

第十三条 生产经营单位新上岗的从业人员，岗前安全培训时间不得少于 24 学时。

煤矿、非煤矿山、危险化学品、烟花爆竹、金属冶炼等生产经营单位新上岗的从业人员安全培训时间不得少于 72 学时，每年再培训的时间不得少于 20 学时。

小结： 教育和培训的学时根据《生产经营单位安全培训规定》执行。

问 **106** 1 学时具体指多长时间？

答： 可按照 45 分钟计。

> **参考** 《危险化学品企业安全培训空间建设应用指南（试行）》第 3.2.4 条 线上学习时长可累积计算，满 45 分钟计为 1 学时，可作为年度再培训达标的依据。

问 **107** 如何理解《危险化学品仓库储存通则》（GB 15603—2022）中危险化学品仓库管理人员应具备与经营范围相关的安全知识和管理能力？

答： 危险化学品仓库管理人员应具备岗位安全操作、自救互救以及应急处置所需的知识和技能等，企业可在内部进行有针对性的安全培训并考核合格后上岗。

> **参考 1** 《中华人民共和国安全生产法》（主席令〔2021〕第 88 号修正）

第二十八条条文释义，安全生产教育和培训的内容，主要包括以下几个方面：

（一）安全生产的方针、政策、法律法规以及安全生产规章制度的教育和培训；

（二）安全操作技能的教育和培训，我国目前一般实行入厂教育、车间教育和现场教育的三级教育和培训；

（三）安全技术知识教育和培训，包括一般性安全技术知识，如单位生产过程中不安全因素及规律、预防事故的基本知识、个人防护用品的佩戴使用、事故报告程序等，以及专业性的安全技术知识，如防火、防爆、防毒等知识；

（四）发生生产安全事故时的应急处理措施，以及相关的安全防护知识；

（五）从业人员在生产过程中的相关权利和义务；

（六）特殊作业岗位的安全生产知识和操作要求等。

参考2 《生产经营单位安全培训规定》（国家安全监管总局令第3号，第80号修正）第十一条　煤矿、非煤矿山、危险化学品、烟花爆竹、金属冶炼等生产经营单位必须对新上岗的临时工、合同工、劳务工、轮换工、协议工等进行强制性安全培训，保证其具备本岗位安全操作、自救互救以及应急处置所需的知识和技能后，方能安排上岗作业。

参考3 《特种作业人员安全技术培训考核管理规定》（国家安全监督管理总局令第30号，第80号修正）附件 特种作业目录

危险化学品安全作业

1）光气及光气化工艺作业：指光气合成以及厂内光气储存、输送和使用岗位的作业。

2）氯碱电解工艺作业：指氯化钠和氯化钾电解、液氯储存和充装岗位的作业。

3）氯化工艺作业：指液氯储存、气化和氯化反应岗位的作业。

4）合成氨工艺作业：指气体压缩、氨合成反应、液氨储存岗位的作业。

5）过氧化工艺作业：指过氧化反应、过氧化物储存岗位的作业。

涉及上述危化品储存管理岗位的，仓库管理人员需要取得应急管理部门核发的相应特种作业证书方可上岗。

小结：危险化学品仓库管理人员应具备岗位安全操作、自救互救以及应急处置所需的知识和技能等，企业可在内部进行有针对性的安全培训并考核合格后上岗。

问 108　文化程度较低或文盲人员不接受安全教育培训，满足安全要求吗？对文化程度较低的人员，有无实用有效的安全教育方法？

答： 文盲不接受安全教育培训不满足安全要求。当前社会环境下，还有很多文化程度较低甚至是文盲从事着现场施工、设备操作及清洁卫生等各种作业活动，如果这些人员不经过安全教育培训就上岗，极易发生各类事故，可以考虑采取以下安全教育方法：

（1）安全知识可视化教育：通过安全教学视频和可视化的安全操作指南来展示关键操作步骤和正确的行为。可以使用图片对比正确与错误的做法，使员工一目了然地了解安全行为。

（2）视频或绘本：对于文化程度较低的员工，可以通过视频或绘本等媒介，将安全教育内容以趣味化的方式呈现出来，增加学习的吸引力。

（3）安全分享会：定期召开员工安全分享会，鼓励员工分享自己的安全经验做法，通过实际案例增强安全意识。

（4）安全谚语化：将关键的安全知识要点编成顺口溜或歌谣，便于员工记忆和理解，在作业前重复强调，确保每个员工都能掌握必要的安全知识。

（5）重点在现场进行培训教育（包括事故案例），口头提问及回答来确认是否理解掌握安全要求，并且可以对培训教育过程录像，作为记录。

小结： 对于文化程度较低或文盲人员可采用合理的方法对其进行安全教育。

问 109　特种设备作业人员申请条件出自什么规范？

答： 特种设备作业人员申请条件出自《特种设备作业人员监督管理办法》。

‹ 参考 《特种设备作业人员监督管理办法》（国家质量监督检验检疫总局令第 70 号，第 140 号修改）

第十条　申请《特种设备作业人员证》的人员应当符合下列条件：

（一）年龄在 18 周岁以上；

（二）身体健康并满足申请从事的作业种类对身体的特殊要求；

（三）有与申请作业种类相适应的文化程度；

（四）有与申请作业种类相适应的工作经历；

（五）具有相应的安全技术知识与技能；

（六）符合安全技术规范规定的其他要求。

作业人员的具体条件应当按照相关安全技术规范的规定执行。

问 110 第三方运营的污水处理站安全培训如何实施？

答： 第三方运营的污水处理站，需与运营方签订委托运营协议，并将第三方纳入公司管理范围，按要求组织开展三级安全培训，建立健全第三方人员安全培训档案。

> **参考** 《生产经营单位安全培训规定》（国家安全监管总局令第 3 号，第 80 号修正）

第十一条 煤矿、非煤矿山、危险化学品、烟花爆竹、金属冶炼等生产经营单位必须对新上岗的临时工、合同工、劳务工、轮换工、协议工等进行强制性安全培训，保证其具备本岗位安全操作、自救互救以及应急处置所需的知识和技能后，方能安排上岗作业。

小结： 将第三方纳入公司管理范围，按要求组织开展三级安全培训。

第四章
重大危险源管理

精准辨识重大危险源，科学管控风险，为安全生产锁定关键防线。

——华安

问 **111** "两重点一重大"企业安全生产管理人员担任条件是什么?

答: 专职安全生产管理人员至少要具备化学、化工、安全等相关专业大专及以上学历或化工类中级及以上职称或化工安全类注册安全工程师资格并具有 3 年以上化工行业从业经历。

> **参考1** 《危险化学品安全培训网络建设工作方案》要求新入职的主要负责人和主管生产、设备、技术、安全的负责人必须具备化学、化工、安全等相关专业大专及以上学历或化工类中级及以上职称或化工安全类注册安全工程师职业资格,专职安全生产管理人员至少要具备化学、化工、安全等相关专业大专及以上学历或化工类中级及以上职称或化工安全类注册安全工程师职业资格并具有 3 年以上化工行业从业经历。

> **参考2** 《关于全面加强危险化学品安全生产工作的意见》(中共中央办公厅 国务院办公厅印发,厅字〔2020〕3 号)

(十一)……专职安全生产管理人员要具备中级及以上化工专业技术职称或化工安全类注册安全工程师资格,新招一线岗位从业人员必须具有化工职业教育背景或普通高中及以上学历并接受危险化学品安全培训,经考核合格后方能上岗。

问 **112** 重大危险源是否可以利用防火墙分别辨识?

具体问题: 一座厂房有 2 套独立的装置,中间有防火墙分隔,请问危险化学品重大危险源辨识是分开还是一起辨识?

答: 对于生产装置,首先应根据具有明显防火间距和相对独立的功能的原则划分单元,单元间有切断阀的,应以切断阀作为分隔界限划分单元;单元间如无切断阀的,按一个生产单元进行划分。对于生产装置内的中间储罐,原则上与生产装置一起进行辨识。一个生产厂房内的中间仓库和厂房整体进行单元辨识。

> **参考** 《危险化学品重大危险源辨识》(GB 18218—2018)

4.1 危险化学品重大危险源可分为生产单元危险化学品重大危险源和储存单元危险化学品重大危险源。

3.5 生产单元:危险化学品的生产、加工及使用等的装置及设施,当装置及设施之间有切断阀时，以切断阀作为分隔界限划分为独立的单元。

小结： 重大危险源划分原则不是按照防火墙进行的。生产单元重大危险源的划分以切断阀作为分隔界限划分，不是防火墙作为分隔界限。

问 113 重大危险源是否可以使用无人机巡检、监控等措施代替人工巡检？

答： 目前没有明确要求，但这是一个发展方向。机器巡检和人工巡检各有利弊，可以互为补充。

‹ 参考1 《国家安全监管总局关于开展"机械化换人、自动化减人"科技强安专项行动的通知》通过采用远程监控、遥控应急处置技术，应用可监测温度、压力、液位、流量、组分等参数的实时监测预警系统和可燃、有毒、有害气体泄漏检测报警装置，实现危险化学品重大危险源的安全管理自动化，减少现场巡检人员及应急处置人员30%以上。虽未明确可以使用无人机，但可参考进行推荐使用。

通过使用无人机等自动巡检取代人工巡检有积极意义，其可代替人工完成重复性、危险性双高的设备及现场环境巡检工作，将巡检人员从高强度、高危险系数、重复劳动的巡检流程中解放出来，降低安全风险，提升生产效率。

但是无人机、监控只是一种辅助手段，人工巡检除了"望、闻、听"外，最重要的一个作用就是关键时刻能紧急操作相关设备阀门，例如一旦巡检发现泄漏的话，人工可以立即采取措施，关闭阀门或者打开阀门，关闭紧急切断按钮等，这些是无人机无法代替的。

使用无人机还需符合治安反恐防范要求等相关规定。

‹ 参考2 《石油石化系统治安反恐防范要求 第2部分：炼油与化工企业》（GA 1551.2—2019）

9.2.2 核心生产装置区、储油（气）罐区应配备符合国家有关规定的反无人机主动防御系统，信号作用距离应覆盖核心生产装置区、储油（气）区。

小结： 企业在满足相关治安反恐防范要求前提下，可使用无人机、监控、智能 AI 设备等措施作为人工巡检的有效补充部分。

问 114 重大危险源无论几级，班组巡检都是 1 小时一次吗？

答： 重大危险源无论几级，班组巡检都是 1 小时一次。

> **参考** 《危险化学品企业安全风险隐患排查治理导则》（应急〔2019〕78 号）

3.2 安全风险隐患排查频次

3.2.1 开展安全风险隐患排查的频次应满足：

（1）装置操作人员现场巡检间隔不得大于 2 小时，涉及"两重点一重大"的生产、储存装置和部位的操作人员现场巡检间隔不得大于 1 小时；

（2）基层车间（装置）直接管理人员（工艺、设备技术人员）、电气、仪表人员每天至少两次对装置现场进行相关专业检查。

问 115 构成重大危险源的企业应在什么时候完成重大危险源辨识、评估、分级、备案等工作？

答： 有关危险化学品建设项目，在装置设施投入物料前（也即试生产前），应当完成重大危险源辨识、评估、分级、备案等工作。

> **参考** 应急管理部《关于明确"试生产危险化学品建设项目涉及的重大危险源纳入监管范畴"有关工作的函》的要求：

试生产为化工事故易发高发环节，试生产危险化学品建设项目涉及的重大危险源已投入物料并开始运行，安全风险较高，应当作为防控重大安全风险的监管重点对象。

有关危险化学品建设项目，在装置设施投入物料前（也即试生产前），应当完成重大危险源辨识、评估、分级、备案等工作；将涉及的重大危险源有关监测监控数据按要求接入全国危险化学品安全生产风险监测预警系统；自重大危险源投入物料起，纳入每日安全风险研判与承诺公告、重大危险源安全包保责任制监测预警、抽查巡查、"消地协作"专项检查督导等重大危险源常态化安全管控制度体系。

小结： 有关危险化学品建设项目，在装置设施投入物料前（也即试生产前），应当完成重大危险源辨识、评估、分级、备案等工作。

问 **116** 在役装置重大危险源安全评估报告可用什么代替？

答： 可以用安全评价报告代替重大危险源安全评估报告。

> **参考** 《危险化学品重大危险源监督管理暂行规定》（国家安全监管总局令第 40 号，第 79 号修正）

第八条　危险化学品单位可以组织本单位的注册安全工程师、技术人员或者聘请有关专家进行安全评估，也可以委托具有相应资质的安全评价机构进行安全评估。依照法律、行政法规的规定，危险化学品单位需要进行安全评价的，重大危险源安全评估可以与本单位的安全评价一起进行，以安全评价报告代替安全评估报告，也可以单独进行重大危险源安全评估。

小结： 在役装置重大危险源的评估可以用安全评价报告代替或单独进行重大危险源安全评估。

问 **117** 停用重大危险源需要办理哪些手续？

答： 停用重大危险源需要向县级人民政府应急管理部门申请核销。

> **参考** 《危险化学品重大危险源监督管理暂行规定》（国家安全监管总局令第 40 号，第 79 号修正）

第二十七条　重大危险源经过安全评价或者安全评估不再构成重大危险源的，危险化学品单位应当向所在地县级人民政府安全生产监督管理部门申请核销。申请核销重大危险源应当提交下列文件、资料：

（一）载明核销理由的申请书；
（二）单位名称、法定代表人、住所、联系人、联系方式；
（三）安全评价报告或者安全评估报告。

小结： 停用重大危险源需向县级人民政府应急管理部门申请核销。

问 **118** 拆除化工厂的单位需要什么资质？拆除作业有什么要求？

答： 对于化工生产装置拆除单位需要具有相应资质的施工方承揽装置设施拆除工程。

1. 施工单位资质登记证明；安全生产许可证、备案证、施工单位资质证书；

2. 拟拆除建筑物、构筑物及可能危及毗邻建筑的说明；

3. 拆除施工组织方案或安全专项施工方案；

4. 堆放、清除废弃物的措施。

化工装置拆除施工作业前、作业过程及作业完毕后的安全技术管理要求详见石化联合会团体标准《化工装置拆除施工安全技术管理规程》（T/CPCIF 0142—2021）。

小结： 化工厂拆除单位资质可参考石化联合会团体标准《化工装置拆除施工安全技术管理规程》（T/CPCIF 0142—2021）。

第五章

作业许可、特殊作业及承包商管理

规范作业许可流程，严管特殊作业，把控承包商安全，共筑安全作业堡垒。

——华安

问 119 作业票必须由危险化学品企业中需要动火的属地单位或部门安排填写吗？申请人和填写人有相关的要求吗？

答： 作业票必须由危险化学品企业中需要动火的属地单位或部门组织填写。

因为化工企业多涉及易燃易爆介质和易燃易爆作业环境，有周期性或特殊时段取样排空等释放易燃易爆有毒介质的可能。外来施工单位存在可能不知晓或者不了解作业环境的复杂性，风险辨识不全面等情况。具体可以了解英国北海油田阿尔法钻井平台爆炸事故的案例。相关标准要求如下：

< 参考1 《危险化学品企业特殊作业安全规范》（GB 30871—2022）

第4.6条 作业前，危险化学品企业应组织办理作业审批手续，并由相关责任人签字审批。作业票填写可参考 GB 30871—2022 表 B.1 安全作业票的办理和审批内容。

< 参考2 《危险化学品企业特殊作业安全规范应用问答》

第34问：企业中应组织办理特殊作业票的单位是作业申请单位，作业申请单位不一定是哪一个确定的部门。哪个单位提出了作业需求，哪个单位就是作业申请单位，也可能是其他辅助车间如设备、电仪车间等，还可能是其他单位，具体要求企业应在相关制度中予以明确。

小结： 作业票必须由化学品生产单位安排填写，申请人和填写人相关的要求参考《危险化学品企业特殊作业安全规范》。

问 120 电子作业票应注意什么？

答： 电子作业票应注意的问题可参考《危险化学品企业特殊作业安全规范》编制组的以下应用回答。

采用信息化技术办理电子安全作业票的签批，应注意哪些问题？

随着工业互联网信息技术的快速发展，许多运用手机端、平板端办理安全作业票审批的 APP 纷纷使用，为企业开展特殊作业审批提供了便利，同时还可以强化对特殊作业的管理及统计分析。但也存在一定的弊端。采用信息化技术办理电子安全作业票的签批，应注意下列问题：

（1）安全作业票的签批必须由签批人在作业现场办理，不得在办公室或其他位置远程签批；

（2）在火灾爆炸危险场所用于安全作业票签批的移动式设备必须为防爆型；

（3）作业负责人等相关人员应能通过移动式设备客户端及时了解现场动态；

（4）开发用于电子审批的 APP 应具备流程化审批功能和特殊情况下的"作业中止"功能；

（5）电子安全作业票应满足本标准的相关要求。

问 121 特殊作业升级管理具体涉及哪些内容？

答： 遇节假日、公休日、夜间或其他特殊情况，动火作业应升级管理，遇五级风以上（含五级）天气，原则上禁止露天动火作业，因生产确需动火，动火作业应升级管理。

◁ 参考1 《危险化学品企业特殊作业安全规范》（GB 30871—2022）第 5.1.1 条：固定动火区外的动火作业分为特级动火、一级动火和二级动火三个级别；遇节假日、公休日、夜间或其他特殊情况，动火作业应升级管理。

动火作业升级管理可包括：

① 动火作业等级升级管理，即办理一张更高级别的动火作业票，按照相应的审批流程完成审批。

② 动火作业等级不升级，但管控措施、审批人员级别升级，即执行升级后的作业级别的管理措施及批准人相关要求，但依然使用原作业等级的动火作业票。

第①种升级方式一般适用于计划作业，例如：计划在节假日、公休日、夜间开展的作业，则直接办理升级后的安全作业票。

第②种方式一般适用于连续作业，作业期间跨越了需要升级的时段，比如：某作业时间较长，要白天夜间连续作业，或者要多天连续作业等情况。

实施第②种升级方式时，升级后相对应的安全作业票的批准人应对原动火作业现场各项安全措施进行再检查核实确认，并在补充标准要求的有关措施后，在原动火作业票上签署检查确认意见并签字。节假日、夜间需要延续作业等情况，动火作业票不需连续升级，只按正常情况下的作业级别总体升一级即可。例如：正常情况下应该是二级作业，节假日升为一级，夜间连续作业时，依然为一级，不必再升为特级。

参考2 《危险化学品企业特殊作业安全规范》（GB 30871—2022）
5.2.15 遇五级风以上（含五级）天气，原则上禁止露天动火作业；因生产确需动火，动火作业应升级管理。

问 122 特种作业人员资质的查询网站有哪些？

答： 可参考如下网站进行特种作业人员资质查询：

（1）应急管理部特种作业操作证及安全生产知识和管理能力考核合格信息查询。

（2）住房和城乡建设部全国工程质量安全监管信息平台。

（3）国家市场监督管理总局全国特种设备公示信息查询平台。

小结： 特种设备人员资质通过应急部、住建部、市场监督管理总局官方网站查询。

问 123 特殊作业的监护人如何确定？除了甲方，是否还可以安排第三方施工经验丰富的人？

答： 作业期间应设监护人，监护人应由具有生产（作业）实践经验的人员担任，并经专项培训考试合格，在风险较大的受限空间作业时，应增设监护人员。对于作业内容复杂、潜在风险大的特殊作业，在危险化学品企业指派了作业监护人员的情况下，作业单位（含承包商）可以再指派监护人实施双监护。

参考1 《危险化学品企业特殊作业安全规范》（GB 30871—2022）

4.10　作业期间应设监护人，监护人应由具有生产（作业）实践经验的人员担任，并经专项培训考试合格，佩戴明显标识，持培训合格证上岗。

参考2　《危险化学品企业特殊作业安全规范应用回答》

问：哪些人员可以担任特殊作业的监护人？承包商人员可否担任特殊作业监护人？对由危险化学品企业自主完成的特殊作业的监护人由作业所在单位指派，还是由作业单位指派？

答：本标准第4.10条规定了特殊作业监护人应由具有危险化学品企业生产（作业）实践经验的人员担任。

企业在选派监护人时，应考虑以下因素：

（1）从事本岗位作业2年以上；

（2）对作业场所的风险掌握清楚，能够做到向作业人员进行安全交底工作；

（3）具有一定的应急处置能力和经验。

企业可选派一线岗位主操、副操、班长、技术人员等人员担任监护人。

对于作业内容复杂、潜在风险大的特殊作业，在危险化学品企业指派了作业监护人员的情况下，作业单位（含承包商）可以再指派监护人实施双监护。危险化学品企业未指派作业监护人员而只有承包商人员指派了作业监护人是不允许的，因承包商人员对作业环境、作业过程中可能潜在的风险及应急处置措施不如危险化学品企业人员更加清楚。

由危险化学品企业自主完成的特殊作业的监护人建议由作业所在单位指派，同样是因为作业单位的监护人对作业环境更加清楚。

参考3　《危险化学品企业安全风险隐患排查治理导则》（应急〔2019〕78号）

4.10.4的条文及其应用读本解释中的要求：

鉴于危险作业，尤其是特殊作业大多委托承包商作业，因此在有承包商的特殊作业进行过程中，承包商一方的监护人员和企业一方的点和人员必须同时在场监督作业过程，直至作业结束。

小结： 所有的特殊作业均应配备监护人。对于作业内容复杂、潜在风险大的特殊作业，在危险化学品企业指派了作业监护人员的情况下，作业单位（含承包商）可以再指派监护人实施双监护。

问 124 作业安全交底是怎么体现的？使用作业票还是 JHA？

答： 工作危害分析（JHA）与作业安全交底可以合并使用，也可以采取其他方式进行单独的作业安全交底。目前企业有的使用带交底内容的作业票进行交底，也有使用单独的文本进行安全技术交底的。

1. 安全交底风险告知：作业现场负责人应对实施作业的全体人员进行安全交底，告知作业内容、作业过程中可能存在的安全风险、作业安全要求和应急处置措施等。交底后，交底人与被交底人双方应签字确认。

2. JHA 作为对作业活动（行为）进行安全风险识别的方法和工具，作业票作用是对作业过程（行为）进行的作业前许可，可以纳入现场交底内容。

3. 承包商开具作业许可证后，企业可以规定相关的高风险作业需要进行工作危害分析 JHA，涉及 JHA 的作业一般会包含多个高风险作业许可证的作业，比如，在罐体内动火，可能涉及受限空间作业许可等，此作业过程包括发起环节、风险分析环节、现场安全措施落实环节、现场作业票审批环节、全员安全交底环节、作业完毕现场验收清场关闭环节，JHA 可以将整个作业过程串起来整体分析。

4. 作业前，管辖车间项目负责人组织对施工作业人员进行 JHA 分析、安全交底和风险告知，内容包括作业许可范围及作业环境、作业过程风险、安全防范措施（工艺、设备、个体防护等）、应急救援措施及其他注意事项。作业人员应按照风险告知内容和作业许可证措施内容，逐条对接确认，落实到位后方可作业。

◁ **参考1** 《化工过程安全管理导则》（AQ/T 3034—2022）

4.6.3 企业的风险管理应贯穿装置的工艺开发、规划设计、首次开车、生产运行、检维修、变更、废弃等全生命周期各个阶段以及作业过程，针对所处阶段或评估对象特点选择适用的危害辨识和风险评估方法，开展风险管理活动 4.14.6 作业前，企业应进行作业现场安全交底，告知承包商作业现场周边潜在的火灾、爆炸及有毒物质泄漏等的风险及可能的作业风险，以及应急响应措施和要求等。

◁ **参考2** 《危险化学品企业特殊作业安全规范》（GB 30871—2022）

4.4 作业前，危险化学品企业应对参加作业的人员进行安全措施交底，主要包括：a）作业现场和作业过程中可能存在的危险、有害因素及采取的具体安全措施与应急措施；b）会同作业单位组织作业人员到作业现场，了解和熟悉现场环境，进一步核实安全措施的可靠性，熟悉应急救援器材的位置及分布；c）涉及断路、动土作业时，应对作业现场的地下隐蔽工程进行交底。

小结：工作危害分析 JHA 与作业安全交底可以合并使用，也可以采取其他方式进行单独的作业安全交底。

问 125 施工方案应该由公司哪些部门审核签字？

答：施工方案一般由施工单位和属地单位编制，施工单位、监理单位、属地单位、主管部门、安全部门及其相关部门、分管领导签批。

‹ **参考1** 《国家安全监管总局关于加强化工过程安全管理的指导意见》（安监总管三〔2013〕88 号）

第二十一条　落实安全管理责任。承包商进入作业现场前，企业要与承包商作业人员进行现场安全交底，审查承包商编制的施工方案和作业安全措施，与承包商签订安全管理协议，明确双方安全管理范围与责任。现场安全交底的内容包括：作业过程中可能出现的泄漏、火灾、爆炸、中毒窒息、触电、坠落、物体打击和机械伤害等方面的危害信息。承包商要确保作业人员接受了相关的安全培训，掌握与作业相关的所有危害信息和应急预案。企业要对承包商作业进行全程安全监督。

‹ **参考2** 《危险性较大的分部分项工程安全管理规定》（住房和城乡建设部令第 37 号公布，2019 年第 47 号修改）

第十条　施工单位应当在危大工程施工前组织工程技术人员编制专项施工方案。实行施工总承包的，专项施工方案应当由施工总承包单位组织编制。危大工程实行分包的，专项施工方案可以由相关专业分包单位组织编制。

第十一条　专项施工方案应当由施工单位技术负责人审核签字、加盖单位公章，并由总监理工程师审查签字、加盖执业印章后方可实施。危大工程实行分包并由分包单位编制专项施工方案的，专项施工方案应当由总承包单位技术负责人及分包单位技术负责人共同审核签字并加盖单位公章。

第十二条 对于超过一定规模的危大工程，施工单位应当组织召开专家论证会对专项施工方案进行论证。实行施工总承包的，由施工总承包单位组织召开专家论证会。专家论证前专项施工方案应当通过施工单位审核和总监理工程师审查。

小结：施工方案一般由施工单位和属地单位编制，施工单位、监理单位、属地单位、主管部门、安全部门及其相关部门、分管领导签批。

问 126 特殊作业监护人是否需要在所有特殊作业票证每项安全措施后签字？

答：特殊作业监护人员不需要在特殊作业票证每项安全措施后签字。企业可以根据作业风险实际情况，细化每项安全措施的确认人。

◀ **参考 1** 《危险化学品企业特殊作业安全规范》（GB 30871—2022）

附录 B（资料性）安全作业票的管理 B.2 安全作业票的办理、审批安全作业票的办理部门、审核（会签）、审批部门（人）内容如表 B.1 所示。

表 B.1　安全作业票的办理、审批内容

安全作业票种类		办理部门	审核或会签	审批部门（人）
动火安全作业票	特级动火作业	危险化学品企业	—	主管领导
	一级动火作业		—	安全管理部门
	二级动火作业		—	所在基层单位
受限空间安全作业票			—	所在基层单位
盲板抽堵安全作业票			—	所在基层单位
高处安全作业票	Ⅰ级高处作业		—	所在单位专业部门
	Ⅱ级、Ⅲ级高处作业		—	所在基层单位
	Ⅳ级高处作业		—	主管厂长或总工程师
吊装安全作业票	一级吊装作业		—	主管厂长或总工程师
	二级、三级吊装作业		—	所在单位专业部门
临时用电安全作业票		配送电单位		配送电单位

续表

安全作业票种类	办理部门	审核或会签	审批部门（人）
动土安全作业票	危险化学品企业	水、电、汽、工艺、设备、消防、安全管理等动土涉及单位	所在单位专业部门
断路安全作业票		断路涉及单位消防、安全管理部门	所在单位专业部门

说明：1.安全作业票的审核或会签人员根据危险化学品企业具体管理机构设置情况参照执行。

2.Ⅰ级高处作业还包括在坡度大于45°的斜坡上面实施的高处作业。

Ⅱ级、Ⅲ级高处作业还包括下列情形的高处作业：
a）在升降（吊装）口、坑、井、池、沟、洞等上面或附近进行的高处作业；
b）在易燃、易爆、易中毒、易灼伤的区域或转动设备附近进行的高处作业；
c）在无平台、无护栏的塔、釜、炉、罐等化工容器、设备及架空管道上进行的高处作业；
d）在塔、釜、炉、罐等设备内进行的高处作业；
e）在临近排放有毒、有害气体、粉尘的放空管线或烟囱及设备的高处作业。

Ⅳ级高处作业还包括下列情形的高处作业：
a）在高温或低温环境下进行的异温高处作业；
b）在降雪时进行的雪天高处作业；
c）在降雨时进行的雨天高处作业；
d）在室外完全采用人工照明进行的夜间高处作业；
e）在接近或接触带电体条件下进行的带电高处作业；
f）在无立足点或无牢靠立足点的条件下进行的悬空高处作业。

3.吊装质量小于10t的作业可不办理《吊装票》，但应进行风险分析，并确保措施可靠。

　　特殊作业票证审核或会签涉及多个部门，因此所有特殊作业票证每项安全措施后签字确认，应有多个不同部门的专业人员进行签字确认，监护人不一定具备如此全面的专业能力。安全作业票办理、审批内容，可参考上表执行，同时根据实际情况执行动火作业应升级管理相关规定。

〈　**参考2**　《危险化学品企业特殊作业安全规范》（GB 30871—2022）

　　第4.10条：监护人的通用职责要求：a）作业前检查安全作业票。安全作业票应与作业内容相符并在有效期内；核查安全作业票中各项安全措施已得到落实。

　　监护人是负责作业前检查安全作业票，作业内容是否相符，是否在有效期内，核查各项措施是否已得到落实。因此，监护人要作为第三方相对独立的行为人，主要承担监督和保护的责任，特殊作业票证每项安全措施后不应全部由监护人签字。

参考3 江苏省应急管理厅关于《危险化学品企业特殊作业票证填写注意事项的通知》（苏应急函〔2023〕35号）

一、关于动火安全作业票的填写和审批注意事项

8. 企业动火作业安全管理制度应明确安全措施的确认人，由基层单位的作业监护人、班组长及以上人员担任和实施作业单位的现场作业人员担任，并分别明确申请单位确认的措施和实施单位确认的措施，不能由同一个人对所有的安全措施进行确认签名。因此，企业特殊作业确认人可以由作业监护人、班组长及以上人员担任，但是不能由同一个人对所有的安全措施进行确认签名。

小结： 特殊作业监护人员不需要在特殊作业票证每项安全措施后签。企业可以根据作业风险实际情况，细化每项安全措施的确认人。

问 127 目前动火作业分级和审批程序是怎么执行的？

答：《危险化学品企业特殊作业安全规范》（GB 30871—2022）有明确的动火作业分级和审批程序的具体规定，可参考执行。

问 128 请问动火作业有效期自哪个时间点开始算起？

答： 自动火作业票正式签发批准的时间点开始算起。

参考 参考官方的回复意见，原文如下：

咨询：特级动火、一级动火作业的安全作业证有效期不应超过8h；二级动火作业的安全作业证有效期不应超过72h。

问题：有效期是指自开始动火作业的时间算起，还是自签发动火作业证的时间算起。

回复：经咨询标准起草单位，动火作业有效期是自签发动火作业证的时间算起。感谢对危化品安全生产工作的关注。危险化学品安全监督管理司，2020-08-14

小结： 动火作业有效期自动火作业票正式签发批准的时间开始算起。

问 129　动火作业票可以续票吗？

答： 动火作业票不可以续票。

> **参考1** 《危险化学品企业特殊作业安全规范》（GB 30871—2022）

5.1.5　特级、一级动火安全作业票有效期不应超过 8h；二级动火安全作业票有效期不应超过 72h。

> **参考2** 《危险化学品企业特殊作业安全规范》（GB 30871—2022）

4.16　作业内容变更、作业范围扩大、作业地点转移或超过安全作业票有效期限时，应重新办理安全作业票。

因为本规范为全文强制性，所以必须严格执行。

在原作业条件及措施不发生变化的情况下，对原内容进行重新批准，动火作业票过期就要重新开，特殊作业许可票不存在续票。如作业票到期，仍需继续作业时，应再确认作业的安全条件措施，并重新办理作业票审批。超期使用作业票本身是不合规定，属无证作业，后果很严重。主要是超期后或长时间作业后，人为因素及环境危害因素可能会发生变化，安全风险可能会增加，带来新增隐患，建议重新办理许可证。

小结： 动火作业票到期后应重新开具，重新审批，特别注意夜间需要升级和当地应急部门特别规定。

问 130　水管线、氮气管线或者空气管线动火也按照一级动火管理吗？

答： 如在运行状态下进行的管廊上的水管线，氮气管线或者空气管线动火作业按照一级管理，如生产装置或系统全部停车，装置经清洗、置换、分析合格并采取安全隔离措施后根据其火灾、爆炸危险性大小，经危险化学品企业生产负责人或安全管理负责人批准，动火作业可按二级动火作业管理。

> **参考** 《危险化学品企业特殊作业安全规范》（GB 30871—2022）

5.1.2　特级动火作业：在火灾爆炸危险场所处于运行状态下的生产装置设备、管道、储罐、容器等部位上进行的动火作业（包括带压不置换动火作业）；存有易燃易爆介质的重大危险源罐区防火堤内的动火作业。

5.1.3 一级动火作业：在火灾爆炸危险场所进行的除特级动火作业以外的动火作业，管廊上的动火作业按一级动火作业管理。

5.1.4 二级动火作业：除特级动火作业和一级动火作业以外的动火作业。

生产装置或系统全部停车，装置经清洗、置换、分析合格并采取安全隔离措施后，根据其火灾、爆炸危险性大小，经危险化学品企业生产负责人或安全管理负责人批准，动火作业可按二级动火作业管理。

小结： 如在运行状态下进行的管廊上的动火作业按照一级管理，如生产装置或系统全部停车，装置经清洗、置换、分析合格并采取安全隔离措施后根据其火灾、爆炸危险性大小，经危险化学品企业生产负责人或安全管理负责人批准，动火作业可按二级动火作业管理。

问 **131** 危险爆炸区域停产并置换合格后，动火作业可否降级为按二级动火作业管理？

答： 经分析评估火灾、爆炸危险性大小后符合条件的经批准后可以降为二级。

参考 《危险化学品企业特殊作业安全规范》（GB 30871—2022）

5.1.4 二级动火作业：除特级动火作业和一级动火作业以外的动火作业。生产装置或系统全部停车，装置经清洗、置换、分析合格并采取安全隔离措施后，根据其火灾、爆炸危险性大小，经危险化学品企业生产负责人或安全管理负责人批准，动火作业可按二级动火作业管理。

小结： 经分析评估火灾、爆炸危险性大小后符合条件的经批准后可以降为二级。

问 **132** 节假日、夜间或其他特殊情况下的动火作业需要升级管理吗？

答： 节假日、夜间或其他特殊情况下的动火作业需要升级管理。

参考 《危险化学品企业特殊作业安全规范应用回答》

问：动火作业升级管理应该如何实施？必须重新办理等级更高的作业票吗？节假日的夜间作业等情况，需要连续升级吗？

答：本标准在第 5.1.1 条提出了动火作业升级管理的要求：遇节假日、公休日、夜间或其他特殊情况，动火作业应升级管理。升级管理即将特殊作业等级上升一级进行管理。标准未对升级管理的形式做出明确要求。作业管理升级不是目的，而是通过作业升级管理提高对作业风险的管控等级，进一步确认、完善作业风险管控措施。作业升级管理形式主要包括：

（1）安全作业票升级管理，即办理一张更高级别的安全作业票，按照相应的审批流程完成审批。

（2）安全作业票不升级，但管控措施升级、审批升级，即执行升级后的作业级别的管理措施及批准人相关要求，但依然使用原作业等级的安全作业票。

第（1）种升级方式一般适用于计划作业，例如：计划在节假日、公休日、夜间开展的作业，则直接办理升级后的安全作业票。

第（2）种方式一般适用于连续作业，作业期间跨越了需要升级的时段，比如：某作业时间较长，要白天夜间连续作业，或者要多天连续作业等情况。实施第（2）种升级方式时，升级后相对应的安全作业票的批准人应对原动火作业现场各项安全措施进行再检查核实确认，并在补充标准要求的有关措施后，在原动火作业票上签署检查确认意见并签字。

节假日夜间需要继续作业等情况，安全作业票不需连续升级，只按正常情况下的作业级别总体升一级即可。例如：正常情况下应该是二级作业，节假日升为一级，夜间连续作业时，依然为一级，不必再升为特级。

企业应结合实际情况，选择适用的作业升级管理方式，并在有关管理制度中做出具体的规定。

小结：遇节假日、公休日、夜间或其他特殊情况，动火作业应升级管理。

问 133　不同动火点如何开具动火作业票？

答：参考《危险化学品企业特殊作业安全规范应用回答》

问：动火点怎么定义，比如说一条管道上多个焊缝需要焊接，是否办理一张动火作业票即可？

答：动火点一般是指同一设备、管线上的一个点位。同一设备、管线有多点位需要在同一时间段内动火的，可以视为同一动火点。但设备、管线较大、较长（高、长大于等于20m的）、跨越不同楼层、跨越不同火灾危险区域的，不同的点位应分别办理动火作业票。

问 134 生产装置区内涉及改扩建项目如何设置固定动火点？

答： 生产装置区内的改扩建项目，如果涉及火灾爆炸危险场所，不可以设置固定动火点。生产装置区内改扩建项目，满足固定动火区设置条件且相对独立隔开的，可以设置临时固定动火区。固定动火区应每年进行一次风险辨识，周围环境发生变化时应及时辨识、重新划定。

◁ 参考1 《危险化学品企业特殊作业安全规范》（GB 30871—2022）

5 固定动火区管理

5.5.1 固定动火区的设定应由危险化学品企业审批后确定，设置明显标志；应每年至少对固定动火区进行一次风险辨识，周围环境发生变化时，危险化学品企业应及时辨识，重新划定。

5.5.2 固定动火区的设置应满足以下安全条件要求：

a）不应设置在火灾爆炸危险场所；

b）应设置在火灾爆炸危险场所全年最小频率风向的下风或侧风方向，并与相邻企业火灾爆炸危险场所满足防火间距要求；

c）距火灾爆炸危险场所的厂房、库房、罐区、设备、装置、窨井、排水沟、水封设施等不应小于30m；

d）室内固定动火区应以实体防火墙与其他部分隔开，门窗外开，室外道路畅通；

e）位于生产装置区的固定动火区应设置带有声光报警功能的固定式可燃气体检测报警器；

f）固定动火区内不应存放可燃物及其他杂物，应制定并落实完善的防火安全措施，明确防火责任人。

◁ 参考2 《危险化学品企业特殊作业安全规范应用问答》

50.在企业现有生产装置内进行项目建设，是否可以设置临时固定动火区？临时固定动火区是否需要设置固定式可燃气体检测报警器？

在企业现有生产装置区域或相邻区域开展新、改、扩建项目建设，满足固定动火区设置条件，且项目建设区域与周边生产装置区是相对独立隔开的，企业可将项目建设区域设定为临时固定动火区进行管理。

与生产装置区相邻的临时固定动火区建议设置固定式可燃气体检测报警器。不具备条件的，应配备便携式可燃气体检测报警器，在动火作业期间连续检测。

小结： 如果涉及火灾爆炸危险场所，不可以设置固定动火点。生产装置区内改扩建项目，满足固定动火区设置条件且相对独立隔开的，可以设置临时固定动火区。固定动火区应每年进行一次风险辨识，周围环境发生变化时应及时辨识、重新划定。

问 135 在6米高管廊动火作业，焊工需要取得高处作业证吗？

答： 在6米高管廊动火作业，焊工需要取得高处作业证。

参考 应急管理部回复

咨询：企业在日常的生产当中，经常会遇到电焊工、电工进行高处（2米以上）进行检维修或者其他作业，请问电焊工、电工在高处作业时，需要持高处作业证吗？咨询时间：2021-03-16

回复：感谢您的留言。一、《高压电工作业人员安全技术培训大纲及考核标准》《低压电工作业人员安全技术培训大纲和考核标准》规定的培训考核内容中，包含了登高安全用具及其使用、架空线路安装、登杆作业基本技能等。如您在上述范围内作业，可不用重复取高处作业证。二、《熔化焊接与热切割作业人员安全技术培训大纲和考核标准》中不包含"高处作业"的培训考核内容，持有焊接与热切割特种作业操作证时仍需要取得高处作业证。回复单位：安全执法和工贸监管局；回复时间：2021-03-23

小结： 在6米高管廊动火作业，焊工需要取得高处作业证。

问 136 动火作业中有没有接火花比较好的方法？

答： 根据动火点实际场景采用符合安全管控风险要求的措施。可采用钢结构接火盆、覆盖打湿的石棉布或者灭火毯等方式接火花。

⟨ **参考 1** 传统的钢结构接火盆/斗是用铁皮做成盒子状，在盒子里加水，然后设置在焊接点下方，以达到接住焊接火花，防止火灾的目的。也可在盒子里放置打湿的石棉布或者沙子。

⟨ **参考 2** 如果现场狭窄设置接火盆/斗有困难，可在动火点周围与下方全部清理完易燃物质后，用打湿的石棉布或者灭火毯把动火点周围与下方附近管道、设备、物料等全部包围、覆盖后，再施行动火作业。

小结： 动火作业中，可采用钢结构接火盆、覆盖打湿的石棉布或者灭火毯等方式接火花。

问 **137** 室内作业的切割电焊是否按散发火花地点考虑？

答： 不属于散发火花地点。GB 50016—2014、GB 50160—2008 等标准所指散发火花地点均为室外的砂轮、电焊、气焊、气割作业等作业的固定地点为散发火花地点。

⟨ **参考 1** 《建筑设计防火规范》（GB 50016—2014，2018 年版）

2.1.9 散发火花地点：有飞火的烟囱或进行室外砂轮、电焊、气焊、气割等作业的固定地点。

⟨ **参考 2** 《石油化工企业设计防火标准》（GB 50160—2008，2018 年版）

2.0.9 散发火花地点：有飞火的烟囱、室外的砂轮、电焊、气焊（割）、室外非防爆的电气开关等固定地点。

小结： 室内作业的切割电焊不属于散发火花地点。

问 **138** 动火分析人每次动火前动火分析时是否需要校对气体分析仪？

答： 需要对气体分析仪进行外观和灵敏度检查并确认气体分析仪在检定/校准有效期内。

⟨ **参考 1** 《气体检测报警仪安全使用及维护规程》（T/CCSAS 015—

2022）

5.2.3.2 便携式仪器每次使用之前应进行检查，检查内容如下：a）在检定/校准有效期内；b）外观清洁、无损坏；c）电池电量正常；d）开机自检正常；e）显示正常；f）报警功能正常；g）延长取样管及过滤装置正确连接并无泄漏或堵塞。

‹ **参考2** 《爆炸性环境用气体探测器 第2部分：可燃气体和氧气探测器的选型、安装、使用和维护》（GB/T 20936.2—2024）

11.2.3 对便携式和移动式气体探测器宜进行下列检查。

a）外观检查

1）检查设备异常状况，如故障、报警和非零读数等。

2）确保探测器探头组件不受能干扰气体或蒸汽到达传感元件的障碍物或喷涂的影响。确保采样气体对于采样系统是正确的。

3）对于采样系统，检查采样管路和配件。破裂的、有凹痕的、弯曲的或其他损坏或变质的采样管路和配件宜使用制造商推荐的配件更换。

b）灵敏度检查

宜至少进行功能检查或再校准，包括：

1）确保探测器用调零气体探测时指示为零；如果需要，可以暂时隔离传感器元件。2）依据制造商的使用说明，对探头施加已知的校准气体。功能检查和再校准的不同在于，进行现场校准时，管理气体探测器的人员给出一些读数容差，虽然允许调零，但在施加校准气体时不进行调整。该检查宜由操作员进行。宜有计划定期进行再校准，如果在允许范围之外进行功能检查，则检查后也宜进行再校准。可以由设备维护人员进行这些检查。

小结： 动火分析人每次动火前应检查动火分析仪是否在检定周期内，每次使用之前应进行基本的外观与功能检查。如检查发现分析仪存在误差应进行校对。

问 **139** 厂区单独新建项目动火作业需要开票吗？

答： 是否开具动火作业票根据具体作业类型和作业环境风险来确定。

‹ **参考1** 划分为固定动火区内动火作业，可以不开作业票，其他区域应开具。将"厂区单独新建项目"定义为固定动火区，则动火作业可以不开具动火票，但企业要严格按照《石油化工建设工程施工安全技术标准》

（GB/T 50484—2019）和《危险化学品企业特殊作业安全规范》（GB 30871—2022）固定动火区等条款执行。固定动火区的设定应由危险化学品企业审批后确定，设置明显标志；应每年至少对固定动火区进行一次风险辨识。周围环境发生变化时，危险化学品企业应及时辨识、重新划定。并且固定动火区的设置应满足 GB 30871—2022 中 5.5.2 中的安全条件要求。注意：根据 GB 30871 中 3.3 条固定动火区定义，在非火灾爆炸危险场所划出的专门用于动火的区域。

参考 2 厂区单独新建项目作业区域内，存在现有运行生产装置动火作业时，需要执行标准《危险化学品企业特殊作业安全规范》（GB 30871—2022）标准外，还有《石油化工建设工程施工安全技术标准》（GB/T 50484—2019）、《化工工程建设起重规范》（HG/T 20201—2017）、《建筑施工高处作业安全技术规范》（JG J80—2016）和《石油化工工程起重施工规范》（SH/T 3536—2011）等相关标准规范。

《石油化工建设工程施工安全技术标准》（GB/T 50484—2019）适用于石油炼制、石油化工、化纤、化肥等建设工程施工的安全技术管理。它包括了本标准规定的八大特殊作业的安全要求。在企业实施特殊作业时，究竟采用哪个标准规范，需根据具体作业类型和作业时段、作业环境确定。

参考 3 厂区单独新建项目作业区域与现有生产工艺系统完全隔离时，可以按照《石油化工建设工程施工安全技术标准》（GB/T 50484—2019）标准执行。

对厂区内新、改、扩的基本建设项目的动火作业，在同时满足下列条件情况下，可以按照《石油化工建设工程施工安全技术标准》（GB/T 50484—2019）要求执行：

（1）基本建设项目与现有生产工艺系统完全隔离；

（2）在地面动火时，作业区域面向火灾爆炸危险场所一侧已采用高度不低于 2m 的彩钢围挡等形式予以遮挡；在高处作业时，应预先进行风险分析，并加强动火作业时的气体检测工作；

（3）作业区域距离火灾爆炸危险场所距离不小于 30m。

小结： 对新、改、扩的基本建设项目的其他特殊作业，在确保建设项目与现有生产工艺系统完全隔离的情况下，可按照《石油化工建设工程施工安全技术标准》或其他标准规范要求执行。

问 140 如果办理了动火作业许可，检维修作业可以使用不防爆作业器具吗？

答：如全面停车吹扫置换合格后可以使用非防爆作业器具。如仍旧存在爆炸危险场所，必须使用防爆作业器具。

如全面停车吹扫置换合格后，经过企业批准后，申请为二级动火点，可以使用非防爆作业器具。对于一级及其以上动火区域，在距离动火点一定距离，可以通过办理动火作业票，动火作业方式可以增加非防爆工具使用。如仍旧存在爆炸危险场所，按照必须使用防爆作业器具。

参考《危险化学品企业特殊作业安全规范应用问答》：动火作业第 52 条的解释说明，使用非防爆电气设备，距离动火点不要超过 10 米，可以把非防爆电气视为动火点，办理动火作业票。

小结：在爆炸危险场所时，必须使用防爆作业器具。

问 141 液化气可以替代乙炔动火吗？有哪些要求？

答：可以替代。

关于使用液化石油气钢瓶充装液化石油气（氧 - 液化石油气）替代溶解乙炔气（氧 - 乙炔气）进行焊接及切割作业，原则上是可行的。因为在工业上液化石油气是可以与氧气混合燃烧产生热量而进行金属的焊接及切割作业的。虽然液化石油气与氧气混合燃烧后产生的热值较氧 - 乙炔燃烧的热值低，但由于液化石油气价格低廉，又较安全（不易产生回火现象），随着我国石油工业和科学技术的发展，溶解乙炔气有被液化石油气部分取代的趋势。目前国内外已将液化石油气作为一种新的生产性工业燃料，广泛应用于金属薄板的切割和低熔点有色金属的焊接。

在使用氧 - 液化石油气进行焊接及切割作业时，必须注意以下几点：

1. 液化石油气钢瓶在充装时不得超装，必须留有 10%～20% 的气体空间，防止液化石油气随环境温度的升高产生高压气体而导致钢瓶爆炸。

2. 在焊接及切割作业现场，液化石油气钢瓶应与氧气瓶保持 3m 以上的距离，与明火保持 10m 以上的距离。

3. 液化石油气钢瓶和氧气瓶不得在太阳下暴晒。

4. 在进行氧 - 液化石油气焊接及切割时，液化石油气钢瓶和氧气瓶必须配置专用的阻火器和减压装置。

5. 氧 - 液化石油气焊接及切割作业人员应进行严格的培训、考核，并取得相应的资格证书。

参考 《焊接与切割安全》（GB 9448—1999）10.5 气瓶：所有用于焊接与切割的气瓶都必须按有关标准及规程 参见附录 A（提示的附录）制造、管理、维护使用。使用中的气瓶必须进行定期检查，使用期满或送检未合格的气瓶禁止继续使用。

10.6 汇流排的安装与操作：乙炔气瓶和液化气气瓶必须在直立位置上汇流。

小结： 液化气可以替代乙炔动火。

问 142 手持式锂电池打磨机在非防爆危险区域的雨排盖板进行打磨作业，需不需要开具动火作业票？

答： 应开具二级动火作业票。

参考 《危险化学品企业特殊作业安全规范》（GB 30871—2022）

第3.4条 动火作业的定义中包括使用电焊、气焊、喷灯、电钻、喷砂机等作业。在直接或间接产生明火的工艺设施以外的禁火区内从事可能产生火焰、火花或燃烧的非常规作业。打磨机易产生火花和炽热表面，且刷漆不属于常规作业，故应开具二级动火作业票。

小结： 手持式锂电池打磨机在非防爆危险区域的雨排盖板进行打磨作业应开具二级动火作业票。

问 143 在园区公共管廊上下动火作业如何进行分级管理？

答： 根据公共管廊敷设管道中物料性质、工艺介质、阀门法兰位置及爆炸危险区域划分确定动火级别依据《危险化学品企业特殊作业安全规范》以及中国化学品安全协会的解读，进行分级管理。

> **参考**　《危险化学品企业特殊作业安全规范》（GB 30871—2022）

根据第 5.1.2 条"在火灾爆炸危险场所处于运行状态下的生产装置设备、管道、储罐、容器等部位上进行的动火作业（包括带压不置换动火作业），属于特级动火作业"，若动火作业位于爆炸危险区域，并且在公共管廊上正在运行状态下的管道进行动火作业，应按特级动火作业进行管理。

根据第 5.1.3 条"在易燃易爆场所进行的除特级动火作业以外的动火作业，属于一级动火作业"，若动火作业区域位于爆炸危险区域内，在未在运行状态下的管道（已经完成彻底置换、吹扫分析合格的管道）上动火作业，应按照一级动火作业进行管理。在爆炸危险区域内其他装置（如管廊支架），应按照一级动火作业进行管理。

根据第 5.1.4 条"除特级动火作业和一级动火作业以外的动火作业属于二级动火作业"，若动火区域不属于爆炸危险区域，管廊上下的动火作业可按二级动火作业进行管理。

小结：在公共管廊上下动火作业，应根据临近装置敷设管道、工艺介质、阀门法兰开口位置等信息，综合判断动火区域是否位于爆炸危险区域，进一步判定动火级别；并根据 GB 30871—2022 的相关规定，执行动火前审批、可燃气体检测、安全措施落实确认等工作。

问 144　化工企业管线添加外护时使用防爆型手电钻，在防爆区域与非防爆区域都需要办理动火作业证吗？

答：属于动火作业，应当办理动火作业票。

当在易燃易爆场所内进行特殊作业时，应使用符合防爆要求的设备设施和工器具，主要是为了避免易燃易爆介质泄漏可能导致的火灾爆炸的风险。在企业易燃易爆场所，虽然防爆型电钻符合防爆等级要求，但是电钻作业是属于可能产生火焰、火花或炽热表面的非常规作业。

> **参考**　《危险化学品企业特殊作业安全规范》（GB 30871—2022）

3.4 动火作业：在直接或间接产生明火的工艺设施以外的禁火区内从事可能产生火焰、火花或炽热表面的非常规作业。注：包括使用电焊、气焊（割）、喷灯、电钻、砂轮、喷砂机等进行作业。规范已经明确电钻作业属于动火作业。因此，作业前应严格按程序办理动火安全作业票。

小结： 化工企业使用防爆型手电钻，需要办理动火作业证。

问 145 临时用电票是否需要附带动火作业票？

具体问题： 检查时有人提出开临时用电票需要附带动火作业票，如果附带动火作业票，电票的有效期多久？和动火票时间一致吗？

答： 不一定，根据实际作业场景确定。

按照《危险化学品企业特殊作业安全规范》（GB 30871—2022）动火作业的定义，临时用电和动火作业并不是直接关联的。但大部分的临时用电同时伴有焊接、电钻、砂轮等可能产生火花的作业，以及现场可能产生电火花打火、使用可能引起火花的电动工具、爆炸区域使用非防爆配电箱等，有以上风险存在并有可能产生短路或接触火花等临时用电作业需满足动火作业要求，临时用电票应开具动火作业票。票证有效期按照最严的确定。

小结： 临时用电票附带动火作业票需根据作业实际情况确定。

问 146 施工单位自带小发电机需要办理临时用电作业票吗？

答： 施工单位自带小发电机需要办理临时用电作业票。

◁ 参考 根据《危险化学品企业特殊作业安全规范》（GB 30871—2022）对临时用电的定义是：在正式运行的电源上所接的非永久性用电。另第10.2条要求，各类移动电源及外部自备电源，不应接入电网。该条款将移动电源及外部自备电源纳入临时用电管理范畴，需办理临时用电作业票。

小结： 自带小发电机用电需要办理临时用电作业票。

问 147 在装置区内的固定防爆插座上用电需要开临时用电作业票吗？

答： 在装置区内的固定防爆插座上用电需要开临时用电作业票。

> 参考　《危险化学品企业特殊作业安全规范》（GB 30871—2022）临时用电是指在正式运行的电源上所接的非永久性用电。

　　临时用电主要包括有：在生产装置、厂房内设置的检修配电箱或其他电源接临时用电线路、使用防爆插头在配电箱防爆插座接临时用电线路、在办公场所的配电箱或电源插座接临时用电线路，用于生产区的各种电气设备的作业。

　　临时用电并不是仅指用由线路接电这一环节还包括用电线路下游电气设备（配电箱、电焊机、砂轮、照明灯具等）的使用、临时线路的拆除全过程。所以尽管使用防爆插头插座，在配电箱接线这一环节可能不会潜在风险，但下游的用电设备可能存在电气设备不防爆、绝缘不良好等问题，如果对下游各环节疏于管理，有可能会发生火灾爆炸、人员触电等事故。因此，使用防爆插座也需要办理临时用电作业票。另外，在生产装置的防爆区，还需要同时办理动火作业票。

小结： 在装置区内的固定防爆插座上用电需要开临时用电作业票。

问 148 受限空间动火需要按一级动火作业管理吗？

答： 受限空间动火等级应根据实际情况确定。

> 参考1　《危险化学品企业特殊作业安全规范》（GB 30871—2022）

　　特级动火作业是指在火灾爆炸危险场所处于运行状态下的生产装置设备、管道、储罐、容器等部位上进行的动火作业（包括带压不置换动火作业）以及在存有易燃易爆介质的重大危险源罐区防火堤内的动火作业；

　　一级动火作业是指在火灾爆炸危险场所进行的除特级动火作业以外的动火作业，管廊上的动火作业按一级动火作业管理；

　　受限空间内动火作业，前提是已经对受限空间进行了完的安全隔离，并确保清洗、置换、通风、检测合格情况下才可以作业，所以不属于特级。对于未经过处理或处理后检测不合格的特殊受限空间，严禁动火。

> 参考2　《危险化学品企业特殊作业安全规范》（GB 30871—2022）

　　5.1.4　如果系统全部停车，装置经清洗、置换、分析合格并采取安全隔离措施后，根据其火灾、爆炸危险性大小，经本企业生产负责人或安全管理负责人批准，动火作业可按二级动火作业管理。不能满足上述要求，按一级动火作业管理。

小结： 受限空间内动火作业等级应根据实际情况确定。

问 149　制氮机房、冷库是否属于受限空间？

答： 制氮机房、冷库（气调库除外）不属于受限空间。

参考1 关于受限空间或者有限空间的定义：

1）《危险化学品企业特殊作业安全规范》（GB 30871—2022）

3.5　受限空间 confined space

进出受限，通风不良，可能存在易燃易爆，有毒有害物质或缺氧，对进入人员的身体健康和生命安全构成威胁的封闭、半封闭设施及场所。

注：包括反应器、塔、釜、槽、罐、炉膛、锅筒、管道以及地下室、窨井、坑（池）、管沟或其他封闭、半封闭场所。

2）《工贸企业有限空间作业安全规定》（应急管理部令第13号）第三条　本规定所称有限空间，是指封闭或者部分封闭，未被设计为固定工作场所，人员可以进入作业，易造成有毒有害、易燃易爆物质积聚或者氧含量不足的空间。

参考2 2019年广东省应急管理厅向应急管理部提出"关于地上冷库是否属于有限空间相关事项"的请示（粤应急函〔2019〕551号），应急管理部安全生产基础司委托山东省轻工业安全生产管理协会（以下简称"协会"）对此问题提供技术支撑并作出说明。

2019年7月22日，应急管理部安全生产基础司采纳了协会的意见，对此作出复函，明确了"地上冷库（除气调库外）不属于有限空间，但其中的气调库属于有限空间"。

参考3 《工贸企业有限空间重点监管目录》（应急厅〔2023〕37号），里面未定义制氮机房、冷库属于有限空间（也即受限空间）。

所以企业确认在作业过程中，如果该空间不存在有毒有害、易燃易爆物质积聚或者氧含量不足的情况，则可以不纳入有限空间进行管理。

小结： 制氮机房、冷库（气调库除外）不属于受限空间。

问 150 对有限空间监护人员有什么具体要求？

答： 监护人员应当具备与监督有限空间作业相适应的安全知识和应急处置能力，能够正确使用气体检测、机械通风、呼吸防护、应急救援等用品、装备。

‹ **参考1** 《有限空间作业安全指导手册》（应急厅函〔2020〕299号）

"根据有限空间作业方案，确定作业现场负责人、监护人员、作业人员，并明确其安全职责。根据工作实际，现场负责人和监护人员可以为同一人。"监护人员主要安全职责：

1. 接受安全交底。

2. 检查安全措施的落实情况，发现落实不到位或措施不完善时，有权下达暂停或终止作业的指令。

3. 持续对有限空间作业进行监护，确保和作业人员进行有效的信息沟通。

4. 出现异常情况时，发出撤离警告，并协助人员撤离有限空间。

5. 警告并劝离未经许可试图进入有限空间作业区域的人员。

‹ **参考2** 《工贸企业有限空间作业安全规定》（应急管理部令第13号）

第五条 工贸企业应当实行有限空间作业监护制，明确专职或者兼职的监护人员，负责监督有限空间作业安全措施的落实。

监护人员应当具备与监督有限空间作业相适应的安全知识和应急处置能力，能够正确使用气体检测、机械通风、呼吸防护、应急救援等用品、装备。

小结： 监护人员应当具备与监督有限空间作业相适应的安全知识和应急处置能力。

问 151 受限空间检修作业需要配两个不同量程的检测分析仪吗？

答： 没有明确规定。

‹ **参考1** 《危险化学品企业特殊作业安全规范》（GB 30871—2022）

6.5 作业时，作业现场应配置移动式气体检测报警仪，连续检测受限空间内可燃气体、有毒气体及氧气的浓度，并2h记录1次，气体浓度超标报警时，应立即停止作业，撤离人员，对现场进行处理，重新检测合格后方可恢复作业。

◁ **参考2** 山东省《危险化学品企业受限空间作业安全管理规定》（鲁安监函字〔2015〕79号）

5.1 使用便携式有毒有害、可燃气体检测仪进行分析，选配检测设备要与危害气体种类相匹配，并经标准气体样品标定合格，特殊受限空间作业应使用两台仪器同时检测，检测偏差不应大于仪器有效误差范围。取样检测的过程要有照片记录。

小结： 特殊受限空间作业应使用两台仪器同时检测，检测偏差不应大于仪器有效误差范围。不一定需要两台不同量程的检测分析仪，满足检测需要即可。

问 152 对于空置和干燥的深2m、容积300m³事故应急池，清扫飘落进去的塑料袋和纸屑等，是否属于受限空间作业？

答： 属于受限空间作业。

◁ **参考** 《危险化学品企业特殊作业安全规范》（GB 30871—2022）

受限空间指进出受限，通风不良，可能存在易燃易爆、有毒有害物质或缺氧，对进入人员的身体健康和生命安全构成威胁的封闭、半封闭设施及场所。注：包括反应器、塔、釜、槽、罐、炉膛、锅筒、管道以及地下室、窖井、坑（池）、管沟或其他封闭、半封闭场所。

小结： 根据受限空间的定义，事故应急池属于半封闭空间，要看事故应急池是否存在易燃易爆、有毒有害物质或缺氧，或应急池邻近装置可能逸散有毒介质到池内积聚的，确定是否构成受限空间。

建议企业针对事故应急池内作业按照受限空间作业进行管理，大多企业的事故应急池内会有部分雨水或其他杂物，为防止作业人员出现伤亡事故，应针对池内作业加强管理。

问 153 10吨以下吊装作业是否需要编制吊装作业方案？

答： 视情况而定。

‹ **参考**　《危险化学品企业特殊作业安全规范》（GB 30871—2022）

10吨以下吊装作业属于三级吊装作业。

按照 GB 30871—2022 第 9.2.1 条：一、二级吊装作业，应编制。吊装物体质量虽不足 40t，但形状复杂、刚度小、长径比大、精密贵重，以及在作业条件特殊的情况下，三级吊装作业也应编制吊装作业方案；吊装作业方案应经审批。

小结： 在一定情形下 10t 以下吊装作业需要编制吊装作业方案。

问 154　吊装作业前试吊的注意事项有哪些？

答： 按照《危险化学品企业特殊作业安全规范》（GB 30871—2022）等标准执行。

‹ **参考1**　《危险化学品企业特殊作业安全规范》（GB 30871—2022）

第 9.2.9 条　起吊前应进行试吊，试吊中检查全部机具、锚点受力情况，发现问题应立即将吊物放回地面，排除故障后重新试吊，确认正常后方可正式吊装。

‹ **参考2**　《危险化学品企业特殊作业安全规范应用问答》

吊装作业前不进行试吊，如果吊装物质量大、吊装物捆绑不牢、起重机械不稳，有可能发生起重机械倾倒、吊装物坠落，造成重大财力损失，甚至人员伤亡。所以大中型设备、构件吊装前应进行试吊。试吊前参加吊装作业的人员应按岗位分工，严格检查吊耳、起重机械和索具的性能情况及吊装环境，确认符合方案要求后方可试吊。试吊的程序：重物吊离地面 100mm 后停止提升，检查吊车的稳定性、制动器的可靠性、重物的平衡性、绑扎的牢固性等，确认无误后，方可继续提升。试吊时，指挥、司索人员及其他无关人员应远离作业点。

‹ **参考3**　《化工工程建设起重规范》（HG/T 20201—2017）

10.4.8　工件正式起吊前，应进行试吊。应将工件吊离地面 100mm—200mm 停止提升，检查各受力部件的稳定性，承载地基的可靠性，稳定性，绑扎的牢固性等。确认无误后，方可正式吊装。

小结： 吊装作业前应按要求进行试吊。

问 155 建筑施工吊篮允许单人作业吗？

答： 根据吊篮类型确定。

参考1 《高处作业吊篮安装、拆卸、使用技术规程》（JB/T 11699—2013）

6.2.3 h）使用双动力吊篮时操作人员不允许单独一人进行作业。

参考2 《石油化工建设工程施工安全技术标准》（GB/T 50484—2019）

9.2.16 LNG罐内吊篮作业时，每个吊篮载人不得超过2人，生命绳应单独设置。

参考3 《升降工作平台安全规则》（GB 40160—2021）

7.4.12.1 高处作业吊篮应根据平台内的人员数配备独立的坠落防护安全绳。与每根坠落防护安全绳相系的人数不应超过两人。

小结： 使用双动力吊篮时操作人员不允许单人作业，其他类型吊篮作业每个吊篮载人不得超过2人。

问 156 可以用起重机械吊篮载人进行高空作业吗？

答： 不可以用起重机械吊篮载人进行高空作业。

相关参考如下：

参考1 吊篮作业，为高处作业，属于特种作业序列，根据《高处作业吊篮》（GB 19155—2017）专门规定，吊篮的悬挂机构必须架设于建筑物或构筑物上，不能架设于流动起重机上。

参考2 《建筑机械使用安全技术规程》（JGJ 33—2012）

第4.1.17条 建筑起重机械作业时，应在臂长的水平投影覆盖范围外设置警戒区域，并应有监护措施；起重臂和重物下方不得有人停留、工作或通过。不得用吊车、物料提升机载运人员。

参考3 《建筑施工起重吊装工程安全技术规范》（JGJ 276—2012）

3.0.18 不得用起重机载运人员。

参考4 《建筑施工塔式起重机安装、使用、拆卸安全技术规程》（JGJ

196—2010）

第五条 起重机使用时，起重臂和吊物下方严禁有人员停留；物件吊运时，严禁从人员上方通过。严禁用塔式起重机载运人员。

> **参考5** 《建筑施工起重吊装工程安全技术规范》（JGJ 276—2012）

3.0.21 严禁在吊起的构件上行走或站立，不得用起重机载运人员，不得在构件上堆放或悬挂零星物件。

> **参考6** 《危险化学品企业特殊作业安全规范》（GB 30871—2022）

9.2.10 起重机械操作人员应遵守如下规定：g）以下情况不应起吊：2）起重臂吊钩或吊物下面有人、吊物上有人或浮置物。

> **参考7** 《塔式起重机操作使用规程》（JG/T 100—1999）

5.2.13 不得起吊带人的重物，禁止用起重机吊运人员。

小结： 起重机械不可以用吊篮载人进行高空作业。

问 **157** 在吊篮里面进行幕墙龙骨焊接作业，吊篮操作人员是否需要持高处作业证？

答： 在吊篮里面进行幕墙龙骨焊接作业，吊篮操作人员需要持高处作业证。

> **参考** 《特种作业人员安全技术培训考核管理规定》（国家安全监督管理总局令第30号，第80号修正）附件3：高处作业指专门或经常在坠落高度基准面2米及以上有可能坠落的高处进行的作业。

3.1 登高架设作业 指在高处从事脚手架、跨越架架设或拆除的作业。

3.2 高处安装、维护、拆除作业 指在高处从事安装、维护、拆除的作业。适用于利用专用设备进行建筑物内外装饰、清洁、装修，电力、电信等线路架设，高处管道架设，高处安装、维修，各种设备设施与户外广告设施的安装、检修、维护以及在高处从事建筑物、设备设施拆除作业。

小结： 在吊篮里面作业，吊篮操作人员属于利用专用设备进行高处从事安装、维护、拆除的作业。所以要持高处作业的特种作业操作资格证。

问 158 吊装区域围护半径标准是什么？人员与吊物的安全距离有何要求？

答： 相关标准规范如下：

‹ **参考1** 《高处作业分级》（GB/T 3608—2008）附录 A，可能坠落范围半径规定：

　　一级高处作业：2～5m，可能坠落半径为 3m；

　　二级高处作业：5～15m，可能坠落半径为 4m；

　　三级高处作业：15～30m，可能坠落半径为 5m；

　　特级高处作业：30m 以上，可能坠落半径为 6m。

‹ **参考2** 《公路工程施工安全技术规范》（JTG F90—2015）

警戒区设置及要求如下：

2.0.9　警戒区作业现场未经允许不得进入的区域。

5.6.4　吊装作业应设警戒区，警戒区不得小于起吊物坠落影响范围。

5.6.20　作业人员严禁在已吊起的构件下或起重臂下旋转范围内作业或通行。

小结： 吊装区域围护半径，可以理解为相关标准规范中的作业半径或起吊物坠落影响范围。根据风险辨识来划定警戒区，人员与吊物的安全距离不得小于起吊物坠落影响的范围。

问 159 取得架子工职业资格是否可以从事登高架设作业？

答： 根据作业场所判断。按照《建筑施工特种作业人员管理规定》（建质〔2008〕75 号）规定，高处作业主要包括登高架设作业和高处安装、维护、拆除作业两个操作项目。在危险化学品企业内从事登高架设作业持有架子工的《建筑施工特种作业操作资格证》，应再取得应急部门颁发的登高架设作业《特种作业操作证》。

‹ **参考1** "架子工"指《建筑施工特种作业人员管理规定》（建质〔2008〕75 号）第三条规定的建筑施工特种作业，由建设主管部门考核、发证，持有资格证书的人员，应当受聘于建筑施工企业方可从事"建筑架子工"特种作业。即"架子工"的工作场所和用人单位仅限于建筑工地、建筑施工企业。

< **参考 2** "登高架设作业"是应急管理部《特种作业人员安全技术培训考核管理规定》（国家安全监督管理总局令第 30 号，第 80 号修正）中特种作业 - 高处作业的一种，由应急管理部门组织实施安全技术培训、考核、发证、复审工作。根据《规定》，"登高架设作业"指在坠落高度基准面 2 米及以上有可能坠落的高处进行高处从事脚手架、跨越架架设或拆除的作业。

小结： 若是受聘于建筑企业在建筑工地从事架子工作业，持有由住建部门核发的"建筑施工特种作业资格证—架子工"职业资格证即可，若是在其他场所从事脚手架、跨越架架设或拆除的登高架设作业，如企业检维修活动、非建筑工地的登高架设活动等，则须持有由应急管理部门核发的"中华人民共和国特种作业操作证 - 高处作业（登高架设作业）"方可作业。

问 160　电工高处作业除了需要电工证是否还需要高处作业证？

答： 不需要。

< **参考 1** 《高压电工作业人员安全技术培训大纲及考核标准》《低压电工作业人员安全技术培训大纲和考核标准》规定的培训考核内容中，包含了登高安全用具及其使用、架空线路安装、登杆作业基本技能等。如在上述范围内作业，可不用重复取高处作业证。

< **参考 2** 应急管理部安全执法与工贸监管局在 2021 年 3 月 16 日对"在企业在日常的生产当中，经常会遇到电焊工、电工进行高处（2 米以上）进行检维修或者其他作业，请问电焊工、电工在高处作业时，需要持高处作业证吗？"的咨询问题回复时，答复如下：

1.《高压电工作业人员安全技术培训大纲及考核标准》《低压电工作业人员安全技术培训大纲和考核标准》规定的培训考核内容中，包含了登高安全用具及其使用、架空线路安装、登杆作业基本技能等。如您在上述范围内作业，可不用重复取高处作业证。

2.《熔化焊接与热切割作业人员安全技术培训大纲和考核标准》中不包含"高处作业"的培训考核内容，持有焊接与热切割特种作业操作证时仍需要取得高处作业证。

小结： 电工高处作业不需要重复取高处作业证。

问 161 一线员工偶尔登高作业需要取得高处作业证吗？

答： 视具体作业情况来判断。

> **参考1** 根据《特种作业人员安全技术培训考核管理规定》（国家安全监督管理总局令第30号，第80号修正）附件《特种作业目录》中对高处作业的表述是指专门或经常在坠落高度基准面2米及以上有可能坠落的高处进行的作业，目前对于临时或者偶尔在坠落高度基准面2米及以上有可能坠落的高处进行的作业情形，没有明确规定需要持有高处作业证，但是存在有可能坠落的安全风险，仍需做好安全防护措施方可进行作业。

> **参考2** 增加应急部咨询回答：请问下2m以上的高处作业都需要持证还是怎么定的？咨询时间：2021-06-18

回复：按照《特种作业目录》规定，高处作业分为登高架设作业和高处安装、维护、拆除作业。其中，登高架设作业主要包括：在高处从事脚手架和跨越架架设或拆除作业；高处安装、维护、拆除作业主要包括：建筑物内外装饰、清洁、装修，电力、电信等线路架设，高处管道架设，小型空调高处安装、维修，各种设备设施与户外广告设施的安装、检修、维护以及在高处从事建筑物、设备设施拆除作业。如您是专门或经常在坠落高度基准面2米及以上有可能坠落的高处进行作业，需要按相关规定申请高处作业特种作业操作证。回复单位：安全执法和工贸监管局。

小结： 登高架设作业和高处安装、维护、拆除作业，需要取高处作业证。

问 162 在基准面高于2米的槽罐车顶部作业，需要按照 GB 30871—2022 办理高处作业证吗？

答： 企业装卸车作业通常属于常规操作，应辨识作业风险并采取固定防范措施，如搭设操作平台，设置高处作业生命线等，如果设置了安全防控措施，并制定操作规程，可视为进行了有效管理，不用在每次作业时开具高处作业许可。

在未制定装卸车作业操作规程、未采取固定防范措施等情况下，需要按照 GB 30871—2022 办理高处作业证。

> 〈　**参考**　《危险化学品企业特殊作业安全规范》（GB 30871—2022）

3.8　高处作业　在距坠落基准面 2m 及 2m 以上有可能坠落的高处进行的作业。注：坠落基准面是指坠落处最低点的水平面。

问 163　在高度超过 2m 的平台关闭阀门，要办理高处作业票吗？

答： 应根据现场实际情况办理高处作业票。

> 〈　**参考**　《危险化学品企业特殊作业安全规范》（GB 30871—2022）

3.8　高处作业是距坠落基准面 2m 及 2m 以上有可能坠落的高处进行的作业。

具体有两种情况应分别对待：

1. 如有平台面的生产操作，且平台符合标准要求，周围设置了符合标准规范的防护栏杆，编制了安全操作规程，则不需要办理作业票；

2. 如平台未设置规范的防护栏杆，存在坠落可能性，则应在登高关闭阀门操作前申请办理高处作业票。

问 164　在脚手架上作业是否需要办理高处作业票？

答： 搭设的脚手架满足国家相关标准且按照《高处作业分级》（GB/T 3608—2008）的要求，作业位置至相应坠落基准面的垂直距离中的最大幅不到高处作业分级标准的，可以不办理高处作业票，否则应办理高处作业票。

问 165　搭设和拆除脚手架作业，是否需要系安全带？

答： 需要。

◁ **参考1** 《建筑施工易发事故防治安全标准》（JGJ/T 429—2018）

5.3.6 搭设和拆除脚手架作业应有相应的安全设施，操作人员应佩戴安全帽、安全带和防滑鞋。

◁ **参考2** 《石油化工建设工程施工安全技术标准》（GB/T 50484—2019）

6.1.4 搭设脚手架的人员应戴安全帽、系安全带、穿防滑鞋。

◁ **参考3** 《石油化工工程高处作业技术规范》（SH/T 3567—2018）

7.1.2 脚手架登高架设作业应符合下列要求：

a）应持有特种作业操作证；

b）作业时应穿防滑鞋，安全带应挂设在牢固可靠的架体或设施上；

c）搭拆未完的脚手架，在离开作业岗位时，不得留下未固定构件、跳板等，并确保架体稳定；

d）搭设和拆除脚手架，应根据高处坠落半径范围，设置警示标志和围挡设施，并设专人监护。

◁ **参考4** 《建筑施工扣件式钢管脚手架安全技术规范》（JGJ 130—2011）

9.0.2 搭拆脚手架人员必须戴安全帽、系安全带、穿防滑鞋。

小结： 搭拆脚手架人员必须戴安全帽、系安全带、穿防滑鞋。

问 **166** 简易脚手架使用规范有哪些？

答： 没有简易脚手架的概念。

◁ **参考1** 《建筑施工脚手架安全技术统一标准》（GB 51210—2016）

脚手架定义：由杆件或结构单元、配件通过可靠连接而组成，能承受相应荷载，具有安全防护功能，为建筑施工提供作业条件的结构架体，包括作业脚手架和支撑脚手架。按材料不同可分为木脚手架、竹脚手架、钢管脚手架；按构造形式分为立杆式脚手架、桥式脚手架、门式脚手架、悬吊式脚手架、挂式脚手架、挑式脚手架、爬式脚手架。可移动脚手架，通常由斜撑、平面撑、脚轮等组成。

◁ **参考2** 使用和搭设脚手架可参考《石油化工工程钢脚手架搭设安全技

术规范》（SH/T 3555—2014）《建筑施工扣件式钢管脚手架安全技术规范》（JGJ 130—2011）《建筑施工脚手架安全技术统一标准》（GB 51210—2016）《建筑施工门式钢管脚手架安全技术标准》（JGJ/T 128—2019）等规范。

小结： 无简易脚手架的概念，使用和搭设脚手架可参考上述相关标准。

问 167 化工企业内搭设脚手架，作业人员需要持有什么证件？

答： 化工企业内搭设脚手架（除新改扩建施工工程），作业人员持有应急管理部门颁发的登高架设作业证，同时持有住房和城乡建设部门颁发的建筑架子工证。化工企业外新改扩建施工过程中的脚手架搭设，施工单位作业人员应持有住房和城乡建设部门颁发的"建筑架子工证"（建筑施工特种作业操作资格证书）。

◁ **参考1** 《特种作业人员安全技术培训考核管理规定》（国家安全监督管理总局令第 30 号，第 80 号修正）第三条　本规定所称特种作业，是指容易发生事故，对操作者本人、他人的安全健康及设备、设施的安全可能造成重大危害的作业。特种作业的范围由特种作业目录规定。附件：特种作业目录，3 高处作业包括：（1）登高架设作业；（2）高处安装、维护、拆除作业。其中：登高架设作业指在高处从事脚手架、跨越架架设或拆除的作业。因此，化工企业内部搭设脚手架，应持有高处作业证（登高架设作业）。

◁ **参考2** 《高处作业分级》（GB/T 3608—2008）

高处作业是指在距坠落高度基准面 2m 或 2m 以上有可能坠落的高处进行的作业。化工企业内搭设脚手架（除新改扩建施工工程），作业人员持有应急管理部门颁发的高处作业证（登高架设作业）即可，无需再取得住房和城乡建筑部门颁发的建筑架子工证。

而"建筑架子工证"（建筑施工特种作业操作资格证书）是依据《建筑施工特种作业人员管理规定》（建质〔2008〕75 号）"第三条　建筑施工特种作业包括：（二）建筑架子工；第四条　建筑施工特种作业人员必须经建设主管部门考核合格，取得建筑施工特种作业人员操作资格证书，方可上岗从事相应作业。"，由住房和城乡建筑部门颁发的职业资质证书，这个规定所称建筑施工特种作业人员是指建筑工程施工现场中，从事可能对本人、他人及周围设备设施的安全造成重大危害作业的人员。因此，化工企业新改扩建施工过程中的脚手架搭设，施工单位作业人员应持有"建筑架子工证"（建筑施工特种作业操作资格证书）即可，不需要再持有高处作业证。

两个证书区别主要有以下两个方面：

（1）颁发证书的机构是不同的。"建筑架子工证"是由住房和城乡建设部门颁发，适用于建筑施工领域，而"高处作业证"是由应急管理部门颁发，适用于所有高处作业人员。由于"建筑架子工证"与"高处作业证"监管部门不同，所以"建筑架子工证"和"高处作业证"是两个不同的证书。

（2）工作的范围是不一样的。高处作业分为登高架设作业和高处安装、维护、拆除作业两类。而建筑架子工是指在建筑工程施工现场从事脚手架架设与拆卸等作业，根据《关于建筑施工特种作业人员考核工作的实施意见》（建办质〔2008〕41号）建筑架子工分为普通脚手架和附着升降脚手架两种类别，建筑架子工（普通脚手架）：在建筑工程施工现场从事落地式脚手架、悬挑式脚手架、模板支架、外电防护架、卸料平台、洞口临边防护等登高架设、维护、拆除作业；建筑架子工（附着升降脚手架）：在建筑工程施工现场从事附着式升降脚手架的安装、升降、维护和拆卸作业。因此"高处作业证"的工作范围远大于"建筑架子工证"，在化工企业内搭设脚手架（除新改扩建施工工程），"高处作业证"是前提，依法取得"建筑架子工证"的作业人员需要高处作业时，还需要先取得高处作业证（登高架设作业），不能替代高处作业证（登高架设作业）。另外，高处作业证（登高架设作业）和高处作业证（高处安装、维护、拆除作业）不能相互代替。

小结： 化工企业内搭设脚手架（除新改扩建施工工程），作业人员持有应急管理部门颁发的高处作业证（登高架设作业），同时持有住房和城乡建设部门颁发的建筑架子工证。化工企业新改扩建施工过程中的脚手架搭设，施工单位作业人员应持有"建筑架子工证"（建筑施工特种作业操作资格证书）。

问 168 实施能量隔离的方式有哪些？

答： 主要有以下4种方式：机械隔离、工艺隔离、电气隔离、放射源隔离。

（1）机械隔离：将设备、设施及装置从动力源、气体源头、液体源头物理地隔开。如转动设备检修前将其与电机分开等。

（2）工艺隔离：将流体管道上的阀门关闭和上锁，可能包括管道的泄压、冲洗以及排气措施，是机械隔离的特殊情况。如根据工艺介质理化性质、介质状态、工艺条件、管径大小等采取的单阀加盲板隔离、双阀加排空隔离、双阀排空加盲板隔离等措施。

（3）电气隔离：将电路或设备部件从所有的输电源头安全可靠地分离，包括电气、仪表和通信的隔离。如在配电室将涉及作业的电机停止送电或拆开电机接线等。

（4）放射源隔离：将设备、装置的相关放射源断开、屏蔽或拆离。

特殊作业实施前开展的准备工作，应根据安全风险管控需要采取一种或多种能量隔离措施。

小结： 能量隔离的方式主要包括机械隔离、工艺隔离、电气隔离、放射源隔离等。

问 169 关于盲板的日常管理要求有哪些规范标准？针对盲板堵上长期不用抽取出来的情况，除了台账、现场挂牌管理外，还需要哪些措施？

答： 盲板的日常管理规范标准包括但不限于以下标准：

《石油化工钢制管道用盲板》（SH/T 3425—2011）

《盲板的设置》（HG/T 20570.23—1995）

《A 类盲板法兰》（CB/T 4210—2013）

《管道用钢制插板、垫环、8 字盲板系列》（HG/T 21547—2016）

《阀门零部件 高压盲板》（JB/T 2772—2008）

《快速开关盲板技术规范》（SY/T 0556—2018）

《安全自锁型快开盲板》（NB/T 47053—2016）

《石油化工企业设计防火标准》（GB 50160—2008，2018 年版）

《石油化工可燃性气体排放系统设计规范》（SH 3009—2013）

盲板封堵长时间不取的情况，如果不是为了检维修、开停车，应该属于工艺变更，需要履行变更手续，并纳入盲板管理台账，参考《化工过程安全管理导则》（AQ/T 3034—2022）。

问 170 "8"字盲板在通位状态下是否需要挂牌？

答： "8"字盲板在通位状态下需要挂牌。

‹ **参考** 《盲板的设置》（HG/T 20570.23—95）

第 3.0.2 条　所设置的盲板必须注明正常开启或正常关闭。

小结： "8"字盲板在通位状态下需要挂牌。

问 171 劳务派遣与承包商的异同点有哪些？

答： 劳务派遣与承包商的共同之处：实际用工单位或发包单位都不与劳动者签订劳动合同。

劳务派遣与承包商的主要区别在于法律适用、劳动者管理责任主体、合同标的、资质要求、风险承担以及财务处理等方面。

问 172 承包商承接施工必须具备哪些相应资质？

答： 承包商施工资质参考住建部发布的《住房和城乡建设部关于印发建设工程企业资质管理制度改革方案的通知》（建市〔2020〕94号）。

‹ **参考** 工程勘察资质分为综合资质和专业资质，工程设计资质分为综合资质、行业资质、专业和事务所资质，施工资质分为综合资质、施工总承包资质、专业承包资质和专业作业资质，工程监理资质分为综合资质和专业资质。资质等级原则上压减为甲、乙两级（部分资质只设甲级或不分等级），资质等级压减后，中小企业承揽业务范围将进一步放宽，有利于促进中小企业发展。

文件还提到做好资质标准修订和换证工作，确保平稳过渡，设置1年过渡期，到期后实行简单换证，即按照新旧资质对应关系直接换发新资质证书，不再重新核定资质。

改革后建设工程企业资质分类分级表

资质类别	序号	施工资质类型	等级
综合资质	1	综合资质	不分等级
施工总承包资质	1	建筑工程施工总承包	甲、乙级
	2	公路工程施工总承包	甲、乙级
	3	铁路工程施工总承包	甲、乙级
	4	港口与航道工程施工总承包	甲、乙级
	5	水利水电工程施工总承包	甲、乙级
	6	市政公用工程施工总承包	甲、乙级
	7	电力工程施工总承包	甲、乙级
	8	矿山工程施工总承包	甲、乙级
	9	冶金工程施工总承包	甲、乙级
	10	石油化工工程施工总承包	甲、乙级
	11	通信工程施工总承包	甲、乙级
	12	机电工程施工总承包	甲、乙级
	13	民航工程施工总承包	甲、乙级
专业承包资质	1	建筑装修装饰工程专业承包	甲、乙级
	2	建筑机电工程专业承包	甲、乙级
	3	公路工程类专业承包	甲、乙级
	4	港口与航道工程类专业承包	甲、乙级
	5	铁路电务电气化工程专业承包	甲、乙级
	6	水利水电工程类专业承包	甲、乙级
	7	通用专业承包	不分等级
	8	地基基础工程专业承包	甲、乙级
	9	起重设备安装工程专业承包	甲、乙级
	10	预拌混凝土专业承包	不分等级
	11	模板脚手架专业承包	不分等级
	12	防水防腐保温工程专业承包	甲、乙级
	13	桥梁工程专业承包	甲、乙级
	14	隧道工程专业承包	甲、乙级
	15	消防设施工程专业承包	甲、乙级

续表

资质类别	序号	施工资质类型	等级
专业承包资质	16	古建筑工程专业承包	甲、乙级
	17	输变电工程专业承包	甲、乙级
	18	核工程专业承包	甲、乙级
专业作业资质	1	专业作业资质	不分等级

小结： 承包商施工资质参考《住房和城乡建设部关于印发建设工程企业资质管理制度改革方案的通知》。

问 173 对承包商作业人员年龄有要求吗？

答： 承包商作业人员年龄首先要符合现行《中华人民共和国劳动法》的规定。对于特种作业人员需要年满18周岁，且不超过国家法定退休年龄。

参考1 《中华人民共和国劳动法》

第十五条：禁止用人单位招用未满十六周岁的未成年人。文艺、体育和特种工艺单位招用未满十六周岁的未成年人，必须依照国家有关规定，履行审批手续，并保障其接受义务教育的权利。

参考2 《特种作业人员安全技术培训考核管理规定》（国家安全监督管理总局令第30号，第80号修正）第四条特种作业人员应当符合下列条件：

（一）年满18周岁，且不超过国家法定退休年龄；

（二）经社区或者县级以上医疗机构体检健康合格，并无妨碍从事相应特种作业的器质性心脏病、癫痫病、美尼尔氏症、眩晕症、癔症、震颤麻痹症、精神病、痴呆症以及其他疾病和生理缺陷；

（三）具有初中及以上文化程度；

（四）具备必要的安全技术知识与技能；

（五）相应特种作业规定的其他条件。危险化学品特种作业人员除符合前款第一项、第二项、第四项和第五项规定的条件外，应当具备高中或者相当于高中及以上文化程度。

参考3 目前为止，全国已有多个地区发文进一步规范建筑施工企业用工年龄管理，上海、深圳、江苏泰州、江西南昌、湖北荆州、天津、珠海横琴新区均作出此项要求。禁止以任何形式招录或使用18周岁以下人员、60周岁以上男性、50周岁以上女性等三类人员进入施工现场从事建筑施工作业。

如黄冈市住建局发布《市住建局关于进一步推进全市房屋和市政工程用工实名制管理工作的通知》。明确：

一、建筑企业管理类人员。

禁止注册建造师、注册监理工程师年龄超过65周岁的进入项目现场从事施工管理。项目副总、技术总工等主要技术类岗位参照注册类管理人员，原则上年龄超过65周岁后不建议参与施工现场技术管理。

二、施工现场专业类人员。

禁止年龄未满18岁人员和年龄超过60岁（男性）、55岁（女性）的专业类人员从事施工现场专业技术工作。

三、施工现场劳务类人员。

禁止以任何形式招录或使用18周岁以下人员、60周岁以上男性、50周岁以上女性等三类人员进入施工现场从事建筑施工作业。

禁止55周岁以上男性、45周岁以上女性工人进入施工现场从事井下、高空、高温、特别繁重体力劳动或其他影响身体健康以及高危险性、高风险性的特殊工作。

小结： 化工企业对于承包商作业人员年龄要求的管理，要根据建设项目的实际情况、用工种类，同时考虑国家、属地的相关规定，避免出现不合规情况。

问 **174** 保温作业要维修作业许可吗？

答： 视具体情况而定。

1.危险化学品企业正常保温作业如果涉及动火、高处等特殊作业的需要按照《危险化学品企业特殊作业安全规范》（GB 30871—2022）办理涉及特殊作业许可证；若不涉及特殊作业，仅办理检维修作业许可证。

2.工贸企业正常保温作业如果涉及有限空间作业，应按照《工贸企业有限空间作业安全规定》（应急管理部令第13号）办理作业许可；涉及其他特殊作业是否需要审批应由企业根据风险辨识情况自行决定。

3. 涉及承包商作业的正常保温作业，应签订安全管理协议，作业前与承包商作业人员进行现场安全交底，审查承包商编制的施工方案和作业安全措施。

4. 如正常保温作业不涉及以上情况的，是否需要审批应由企业根据风险辨识情况自行决定。

小结： 保温作业是否需要办理其他作业许可视具体作业情况而定。

问 175 厂区装载机驾驶员需要持特种作业证或特种设备操作资格证吗？

答： 不需要。

> **参考** 厂区内设备操作的取证，属于特种作业范畴或者属于特种设备操作范畴。厂区装载机驾驶员既不是特种作业，也不是《特种设备目录》所列的特种设备，既不需要取得特种作业证，也不需根据《中华人民共和国特种设备安全法》取得特种设备操作资格证，所以无需取证。但装载机驾驶员需要取得相应的驾驶证。

小结： 厂区装载机驾驶员不需要持特种作业证或特种设备操作资格证。如果企业有内部自己的管理要求，按照企业自身的管理要求执行即可。

问 176 城镇燃气管线施工项目有专项资质要求吗？

答： 城镇燃气施工需要申请市政公用工程施工总承包资质，城镇燃气管道施工还需要申请公用压力管道安装许可证（GB1 级）。

小结： 城镇燃气管线施工项目需专项资质。

问 177 施工区域与生产区隔离围挡的高度有没有要求？

答： 有要求。

> **参考1** 《建设工程施工现场环境与卫生标准》（ JGJ 146—2013 ）

3.0.8　施工现场应实行封闭管理，并应采用硬质围挡。市区主要路段的施工现场围挡高度不应低于 2.5m，一般路段围挡高度不应低于 1.8m，围挡应牢固、稳定、整洁。距离交通路口 20m 范围内占据道路施工设置的围挡，其 0.8m 以上部分应采用通透性围挡，并应采取交通疏导和警示措施。

参考 2　《住房和城乡建设部等部门关于加快培育新时代建筑产业工人队伍的指导意见》（建市〔2020〕105 号）

附件 1.1.2　生活区围挡设置：生活区应采用可循环、可拆卸、标准化的专用金属定型材料进行围挡，围挡高度不得低于 1.8 米。

参考 3　《施工现场临时建筑物技术规范》（JGJ/T 188—2009）

7.7.3　彩钢板围挡应符合下列规定：

1）围挡的高度不宜超过 2.5m；

2）当高度超过 1.5m 时，宜设置斜撑，斜撑与水平地面的夹角宜为 45°；

3）立柱的间距不宜大于 3.6m；

4）横梁与立柱之间应采用螺栓可靠连接；

5）围挡应采取抗风措施。

参考 4　《建筑施工安全检查标准》（JGJ 59—2011）

现场围挡（10 分）：

1）市区主要路段的工地未设置封闭围挡或围挡高度小于 2.5m，扣 5～10 分；

2）一般路段的工地未设置封闭围挡或围挡高度小于 1.8m，扣 5～10 分；

3）围挡未达到坚固、稳定、整洁、美观，扣 5～10 分。

小结：施工区域与生产区隔离围挡的高度有要求，一般不低于 1.8 米。

问 178　违规操作行为处罚有什么注意事项？

具体问题：日常对员工的奖惩管理中，特别对违规操作等行为的罚款或者扣分，怎么操作比较合理、合规，有没有好的做法或建议？

答：根据《中华人民共和国劳动合同法》及其他相关法律法规规定，用人单位对于劳动者不具有经济处罚权，用人单位不得以任何理由克扣劳动者的劳动报酬。虽然原《企业职工奖惩条例》规定企业对于违反规章制度的职工可以进行罚款，但国务院于 2008 年 1 月 15 日颁布的第 516 号令已明确废止该条例，并以《中华人民共和国劳动法》《中华人民共和国劳动合同法》代替。由此，企业没有罚款的权利，即企业曾经行使的罚款权利已不复存在，任何企业都不能再采取这样的措施约束、惩处职工。虽然不允许用人单位对劳动者进行罚款，但是如果劳动者因违反规章制度给用人单位造成经济损失的，用人单位可以从劳动者的工资中扣除。

（1）首先企业应做到不能违法，有法律法务部门的企业需要征得其同意；没有的，企业要做法规的符合性分析，同时经职工代表大会通过。

（2）通常做法如企业根据员工月度收入设置绩效奖金。一般不直接罚钱，将绩效奖金按生产、质量、安全、环保、设备等设置不同的权重，安全奖金 100 等分，违反制度扣分，员工的直接领导，部门领导等可根据需要连带扣分，也可扣除部门 / 车间月度考核分，在月度奖金中体现。

（3）参考《中华人民共和国劳动法》第二十五条劳动者有下列情形之一的，用人单位可以解除劳动合同：

（一）在试用期间被证明不符合录用条件的；

（二）严重违反劳动纪律或者用人单位规章制度的；

（三）严重失职，营私舞弊，对用人单位利益造成重大损害的；

（四）被依法追究刑事责任的。

（4）另外对员工违规操作等行为，可采取纪律处分。违规行为一经查实，企业可对违规行为人采取纪律处分。这些处理方式包括训诫，口头或书面警告，降级，降职，调职，最终警告，解雇。企业还可向劳动执法部门报告违法情况，造成企业损失的向违规者提起民事诉讼。

《中华人民共和国安全生产法》第四十三条　生产经营单位应当关注从业人员的身体、心理状况和行为习惯，加强对从业人员的心理疏导、精神慰藉，严格落实岗位安全生产责任，防范从业人员行为异常导致事故发生。

小结：企业经济处罚员工不是目的，建议宜采用以教育、疏导为主，辅以相应更人性化的处理方式。

第六章
风险隐患排查

洞察风险隐患蛛丝马迹，靶向治理，将安全隐患扼杀于萌芽。

——华安

问 **179**　企业安全风险等级划分的依据是什么？

答： 根据《危险化学品生产储存企业安全风险评估诊断分级指南（试行)》等文件进行划分。

　参考1　《危险化学品生产储存企业安全风险评估诊断分级指南（试行）》（应急〔2018〕19号）中评估诊断采用百分制，根据评估诊断结果按照风险从高到低依次将辖区内危险化学品企业分为红色（60分以下）、橙色（60至75分以下）、黄色（75至90分以下）、蓝色（90分及以上）四个等级。

　参考2　《关于实施遏制重特大事故工作指南构建安全风险分级管控和隐患排查治理双重预防机制的意见》（国务院安委办〔2016〕11号）中：安全风险等级从高到低划分为重大风险、较大风险、一般风险和低风险，分别用红、橙、黄、蓝四种颜色标示。

　参考3　企业属地所在地的地方标准或规定也有要求，如《生产经营单位安全生产风险评估与管控》（DB11/T 1478—2024）《化工企业安全风险分区分级规则》（DB32/T 3956—2020）《化工企业安全生产风险分级管控体系细则》（DB37/T 2971—2017）等。

小结： 企业的安全风险等级根据《危险化学品生产储存企业安全风险评估诊断分级指南（试行)》等文件进行划分。

问 **180**　请问安全风险直接判定如何进行？

答： 危险化学品生产储存企业按照《危险化学品生产储存企业安全风险评估诊断分级指南（试行)》有关规定判定，化工园区按照《化工园区安全风险排查治理导则》有关规定判定。

　参考1　《危险化学品生产储存企业安全风险评估诊断分级指南（试行)》（应急〔2018〕19号）附件中关于"危险化学品生产储存企业安全风险评估诊断分级指南（试行)"的检查表，通过检查打分直接判定。

根据该文件附件中要求，存在下列情况之一的企业直接判定为红色（最高风险等级）：

（1）新开发的危险化学品生产工艺未经小试、中试和工业化试验直接进行工业化生产的；

（2）在役化工装置未经正规设计且未进行安全设计诊断的；

（3）危险化学品特种作业人员未持有效证件上岗或者未达到高中以上文化程度的；

（4）三年内发生过重大以上安全事故的，或者三年内发生 2 起较大安全事故，或者近一年内发生 2 起以上亡人一般安全事故的。

‹ **参考2** 《化工园区安全风险排查治理导则》（应急〔2023〕123 号）

8.2　化工园区存在以下情况，直接判定为高安全风险等级（A 级）：

（1）化工园区规划不符合所在设区的市国土空间规划或未明确"四至"范围；

（2）化工园区未明确承担安全生产管理职责的机构或配备的专业安全监管人员不满足要求；

（3）化工园区与高敏感防护目标、重要防护目标和居民区之间的外部安全防护距离不符合标准要求；

（4）化工园区内部布局不合理，企业之间存在重大安全风险叠加失控；

（5）化工园区内存在在役化工装置未经具有相应资质的单位设计且未通过安全设计诊断的企业；

（6）化工园区内存在涉及危险化工工艺的特种作业人员学历资质不满足要求的企业；

（7）化工园区不能保障双电源供电，或化工园区内有一级负荷时，双电源的每一路电源的变压器总容量不能都满足所有负荷用电需求；

（8）化工园区内企业发生较大及以上化工生产安全事故。

问 **181** 什么是 ALARP 原则？

答： ALARP 是 as Low as reasonable practice（尽可能合理降低原则）的首字母英文缩写，俗称"二拉平"原则；在当前的技术条件和合理的费用下，对风险的控制要做到在合理可行的原则下"尽可能的低"。该原则通过两个风险分界线将风险划分为三个区域，即：不可接受区、尽可能降低的容忍区和广泛可接受区。

‹ **参考** 《化工企业定量风险评价导则》（AQ/T 3046—2013）

13　风险评价：将风险评价的结果和风险可接受标准比较，判断项目的实际风险水平是否可以接受，可采用 ALARP 原则：

a）如果风险水平超过容许上限，该风险不能被接受；

b）如果风险水平低于容许下限，该风险可以接受；

c）如果风险水平在容许上限和下限之间，可考虑风险的成本与效益分析，采取降低风险的措施，使风险水平"尽可能低"。

此外，对于可能造成严重后果的事件，应努力降低此事件发生的频率。

问 182 怎样做好安全风险研判？

答： 安全风险研判应该坚持上下互动、全过程覆盖、全员参与、注重基层、注重变更、分级管控的原则。风险研判是体现安全第一，预防为主的主动行为。具体要求参考《应急管理部关于全面实施危险化学品企业安全风险研判与承诺公告制度的通知》（应急〔2018〕74 号）。

参考 《应急管理部关于全面实施危险化学品企业安全风险研判与承诺公告制度的通知》（应急〔2018〕74 号）

三、安全风险研判

（一）基本要求。

1. 建立安全风险研判制度，完善责任体系，明确企业主要负责人、分管负责人、各职能部门、各车间（分厂）、各班组岗位的工作职责，强化目标管理和履职考核。

2. 按照"疑险从有、疑险必研，有险要判、有险必控"的原则，建立覆盖企业全员、全过程的安全风险研判工作流程。

3. 在每日开展班组交接班、车间生产调度会、厂级生产调度会布置生产工作任务的同时，要同步研判各项工作的安全风险，落实安全风险管控措施。

小结： 按照《应急管理部关于全面实施危险化学品企业安全风险研判与承诺公告制度的通知》执行。

问 183 生产安全事故隐患如何分类？

答： 可分为一般事故隐患和重大事故隐患两大类。

参考《安全生产事故隐患排查治理暂行规定》（国家安监总局令第

16号）

第三条　本规定所称安全生产事故隐患（以下简称事故隐患），是指生产经营单位违反安全生产法律法规、规章、标准、规程和安全生产管理制度的规定，或者因其他因素在生产经营活动中存在可能导致事故发生的物的危险状态、人的不安全行为和管理上的缺陷。

事故隐患分为一般事故隐患和重大事故隐患。一般事故隐患，是指危害和整改难度较小，发现后能够立即整改排除的隐患。重大事故隐患，是指危害和整改难度较大，应当全部或者局部停产停业，并经过一定时间整改治理方能排除的隐患，或者因外部因素影响致使生产经营单位自身难以排除的隐患。

小结： 生产安全事故隐患分为一般事故隐患和重大事故隐患两类。

问 184　企业事故隐患如何报送？

答： 安全检查中查出的隐患除进行登记外，对于一般隐患要按照"五落实"要求予以落实整改还应发出隐患整改通知，对于重大隐患需上报高层，由主要负责人组织制定重大隐患治理方案予以落实。

‹ **参考1**　《危险化学品企业安全风险隐患排查治理实施导则》（应急〔2019〕78号）

2.1　企业是安全风险隐患排查治理的主体，要求逐级落实安全风险隐患排查治理责任，对事故隐患实现闭环管理。

5.1.2　对排查发现的重大事故隐患，应及时向本企业主要负责人报告；主要负责人不及时处理的，可以向主管的负有安全生产监督管理职责的部门报告。

5.2　安全风险隐患上报

5.2.1　企业应依法向属地应急管理部门或相关部门上报安全风险隐患管控与整改情况、存在的重大事故隐患及事故隐患排查治理长效机制的建立情况。

‹ **参考2**　《安全生产事故隐患排查治理暂行规定》（国家安全监管总局令第16号）

第十四条　生产经营单位应当每季、每年对本单位事故隐患排查治理情况进行统计分析，并分别于下一季度 15 日前和下一年 1 月 31 日前向安全监管监察部门和有关部门报送书面统计分析表。统计分析表应当由生产经营单位主要负责人签字。对于重大事故隐患，生产经营单位除依照前款规定报送外，应当及时向安全监管监察部门和有关部门报告。

第十五条　对于一般事故隐患，由生产经营单位（车间、分厂、区队等）负责人或者有关人员立即组织整改。对于重大事故隐患，由生产经营单位主要负责人组织制定并实施事故隐患治理方案。

问 185 企业自主开展的隐患排查，频次有文件要求吗？

答： 结合相关行业规定，制定公司隐患排查治理制度，明确排查频次，但排查频次不应低于国家规定。

> **参考** 《危险化学品企业安全风险隐患排查治理实施导则》（应急〔2019〕78 号）

2.2　企业应建立健全安全风险隐患排查治理工作机制，建立安全风险隐患排查治理制度并严格执行，全体员工应按照安全生产责任制要求参与安全风险隐患排查治理工作。

3.2　安全风险隐患排查频次

3.2.1　开展安全风险隐患排查的频次应满足：

（1）装置操作人员现场巡检间隔不得大于 2 小时，涉及"两重点一重大"的生产、储存装置和部位的操作人员现场巡检间隔不得大于 1 小时；

（2）基层车间（装置）直接管理人员（工艺、设备技术人员）、电气、仪表人员每天至少两次对装置现场进行相关专业检查；

（3）基层车间应结合班组安全活动，至少每周组织一次安全风险隐患排查；基层单位（厂）应结合岗位责任制检查，至少每月组织一次安全风险隐患排查；

（4）企业应根据季节性特征及本单位的生产实际，每季度开展一次有针对性的季节性安全风险隐患排查；重大活动、重点时段及节假日前必须进行安全风险隐患排查；

（5）企业至少每半年组织一次，基层单位至少每季度组织一次综合性排查和专业排查，两者可结合进行；

（6）当同类企业发生安全事故时，应举一反三，及时进行事故类比安全风险隐患专项排查。

3.2.2　当发生以下情形之一时，应根据情况及时组织进行相关专业性排查：

（1）公布实施有关新的法律法规、标准规范或原有适用法律法规、标准规范重新修订的；

（2）组织机构和人员发生重大调整的；

（3）装置工艺、设备、电气、仪表、公用工程或操作参数发生重大改变的；

（4）外部安全生产环境发生重大变化的；

（5）发生安全事故或对安全事故、事件有新认识的；

（6）气候条件发生大的变化或预报可能发生重大自然灾害前。

小结：企业可根据实际情况制定并实施《危险化学品企业安全风险隐患排查治理实施导则》，确定符合自身实际情形的隐患排查频次，但不应低于导则要求。

问 186　企业自查出的隐患不予处罚的依据是什么？

答：企业自查出的隐患不予处罚参考的是《应急管理部办公厅关于开展危险化学品重大危险源企业 2021 年第二次安全专项检查督导工作的通知》（应急厅函〔2021〕210 号）附件《危险化学品重大危险源企业安全专项检查督导工作指南（试行）》第 6.4 条，对企业自查发现并已实施整改或正在按计划实施整改的问题隐患不予处罚。对企业未明确整改计划、整改计划与实际不符、未按照整改计划时限完成整改的，严格执法处罚。

问 187　化工企业重大隐患判定的依据都有哪些？

答：主要参考如下：

❮ **参考1** 《化工和危险化学品生产经营单位重大生产安全事故隐患判定标准（试行）》（安监总管三〔2017〕121 号），从人员要求、设备设施和安全管理三个方面列举了二十种应当判定为重大事故隐患的情形；

‹ **参考2** 《危险化学品企业安全风险隐患排查治理导则》(应急〔2019〕78号) 的9个隐患排查附表中36条 "黑体字部分为构成重大隐患的条款"，及属地应急管理部门应依法暂扣或吊销安全生产许可证的特殊条款；

‹ **参考3** 属于《淘汰落后危险化学品安全生产工艺技术设备目录》内容的工艺、设备；

‹ **参考4** 《重大火灾隐患判定方法》(GB 35181—2017)

‹ **参考5** 《特种设备事故隐患分类分级》中(T/CPASE GT 007—2019) 构成严重事故隐患的；

‹ **参考6** 《特种设备安全监督检查办法》(国家市场监督管理总局令第57号) 中规定的特种设备存在严重事故隐患的情形。

‹ **参考7** 根据《安全生产事故隐患排查治理暂行规定》(国家安全监管总局令第16号) 有关规定：重大事故隐患，是指危害和整改难度较大，应当全部或者局部停产停业，并经过一定时间整改治理方能排除的隐患，或者因外部因素影响致使生产经营单位自身难以排除的隐患。

‹ **参考8** 《工贸企业重大事故隐患判定标准》(应急管理部令第10号)适用于判定冶金、有色、建材、机械、轻工、纺织、烟草、商贸等工贸企业重大事故隐患。

小结： 化工企业重大隐患判定标准主要以《化工和危险化学品生产经营单位重大生产安全事故隐患判定标准（试行)》为主，辅助其他相关标准进行判定。

问 **188** 企业存在重大事故隐患处罚的法律法规依据是什么？

答： 主要参考如下：

‹ **参考1** 《中华人民共和国安全生产法》(主席令〔2021〕第88号修正)

第一百零一条 生产经营单位有下列行为之一的，责令限期改正，处十万元以下的罚款；逾期未改正的，责令停产停业整顿，并处十万元以上二十万元以下的罚款，对其直接负责的主管人员和其他直接责任人员处二万元以上五万元以下的罚款；构成犯罪的，依照刑法有关规定追究刑事责任：（五）未建立事故隐患排查治理制度，或者重大事故隐患排查治理情况未按照规定报告的。

‹ 参考2 最高人民法院、最高人民检察院《关于办理危害生产安全刑事案件适用法律若干问题的解释（二）》就办理危害生产安全刑事案件适用法律的若干问题解释。

第一条 明知存在事故隐患、继续作业存在危险，仍然违反有关安全管理的规定，实施下列行为之一的，应当认定为刑法第一百三十四条第二款规定的"强令他人违章冒险作业"……明知存在重大事故隐患，仍然违反有关安全管理的规定，不排除或者故意掩盖重大事故隐患，组织他人作业的，属于刑法第一百三十四条第二款规定的"冒险组织作业"。

第四条 刑法第一百三十四条第二款和第一百三十四条之一第二项规定的"重大事故隐患"，依照法律、行政法规、部门规章、强制性标准以及有关行政规范性文件进行认定。

‹ 参考3 《中华人民共和国刑法修正案（十一）》

在刑法第一百三十四条后增加一条，作为第一百三十四条之一：在生产、作业中违反有关安全管理的规定，有下列情形之一，具有发生重大伤亡事故或者其他严重后果的现实危险的，处一年以下有期徒刑、拘役或者管制：

（一）关闭、破坏直接关系生产安全的监控、报警、防护、救生设备、设施，或者篡改、隐瞒、销毁其相关数据、信息的；

（二）因存在重大事故隐患被依法责令停产停业、停止施工、停止使用有关设备、设施、场所或者立即采取排除危险的整改措施，而拒不执行的；

（三）涉及安全生产的事项未经依法批准或者许可，擅自从事矿山开采、金属冶炼、建筑施工，以及危险物品生产、经营、储存等高度危险的生产作业活动的。

‹ 参考4 《安全生产事故隐患排查治理暂行规定》（国家安全监管总局令第16号）

第二十三条 对挂牌督办并采取全部或者局部停产停业治理的重大事故隐患，安全监管监察部门收到生产经营单位恢复生产的申请报告后，应当在10日内进行现场审查。审查合格的，对事故隐患进行核销，同意恢复生产经营；审查不合格的，依法责令改正或者下达停产整改指令。对整改无望或者生产经营单位拒不执行整改指令的，依法实施行政处罚；不具备安全生产条件的，依法提请县级以上人民政府按照国务院规定的权限予以关闭。

‹ 参考5 《危险化学品企业安全分类整治目录（2020年）》（应急〔2020〕84号）

一、暂扣或吊销安全生产许可证类（4种情形）

二、停产停业整顿或暂时停产停业、停止使用相关设施设备类（17种情形）

三、限期改正类（14种情形）

目录中列出的35种情形基本全部覆盖了化工企业重大安全生产事故隐患判定标准20条，也给出了违法依据，处理依据等比较详细明确的信息。限于篇幅，读者可自行参考对照。

小结： 重大事故隐患的处罚在《中华人民共和国安全生产法》《关于办理危害生产安全刑事案件适用法律若干问题的解释》《中华人民共和国刑法修正案（十一）》、各省（市）《安全生产条例》等，都有具体的法律法规依据。

问 **189** 重大危险源督导工作指南里的"否决项"是否在实际操作中作为"重大事故隐患"来对待？

答：《危险化学品重大危险源企业专项检查督导工作指南》的"否决项"与企业现状的"重大生产安全事故隐患"，虽然部分问题有重复，但不是一个概念，"否决项"属于严重不符合要求的"隐患"，存在较高风险。判定是否属于重大隐患，需要按照相应行业领域的重大事故隐患判定标准进行判定。

问 **190** 某企业"罐区防爆电缆穿管接口未封堵，多处静电跨接不规范"是否构成重大隐患？

答： 不构成。

> **参考** 参照国务院安委办危险化学品重点县专家指导服务协调组2021年9月发布的《危险化学品重点县专家指导服务手册》

附件5 《化工和危险化学品生产经营单位重大生产安全事故隐患判定标准专家判定参考建议》：

爆炸危险场所使用非防爆电气设备的，判定为重大隐患。

爆炸危险场所使用的防爆电气设备防爆等级不符合要求的，判定为重大隐患。

爆炸危险场所使用的防爆电气设备因缺少螺栓、缺少封堵等造成防爆功能暂时缺失的，不应判定为重大隐患。

小结： 罐区防爆电缆穿管接口未封堵，静电跨接不规范不构成重大隐患。

问 191 特种设备作业人员（叉车）未持操作证属不属于重大隐患？

答： 不属于。属于特种设备人员类较大事故隐患。

> **参考1** 《化工和危险化学品生产经营单位重大生产安全事故重大隐患判定标准（试行）》（安监总管三〔2017〕121号）

第二条 特种作业人员未持证上岗，叉车证不属于特种作业人员，是属于特种设备操作人员，不在重大隐患的判定范畴内。

> **参考2** 《特种设备事故隐患分类分级》（T/CPASE GT 007—2019）

附录B，特种设备作业人员（叉车）未持操作证，无证上岗属于特种设备人员类较大事故隐患。

> **参考3** 《特种设备重大事故隐患判定准则》（GB 45067—2024）

4.10 场（厂）内专用机动车辆有下列情形之一仍继续使用的，应判定为重大事故隐患。

a）定期检验的检验结论为"不合格"。

b）电动车辆电源紧急切断装置缺失或失效。

c）制动（包括行车、驻车）装置缺失或失效。

d）观光列车的牵引连接装置及其二次保护装置缺失或失效。

e）非公路用旅游观光车辆超过最大行驶坡度使用。

小结： 特种设备作业人员（叉车）未持操作证，不属于重大隐患。

问 192 氮气钢瓶做保护气源，安全方面有何注意事项？

答： 可能出现欠氧环境时应设置氧气探测器。

空气中氮气含量过高，使吸入气氧分压下降，引起缺氧窒息。

◀ **参考** 《石油化工可燃气体和有毒气体检测报警设计标准》（GB/T 50493—2019）

4.1.6 在生产过程中可能导致环境氧气浓度变化，出现欠氧、过氧的，有人员进入活动的场所，应设置氧气探测器。同时要注意氮气瓶要及时更换，确保氮气气源不间断。

小结： 氮气钢瓶做保护气源，应设置氧气探测器，同时应注意氮气不能间断。

问 193 剧毒品使用企业巡检频次要求？

答： 剧毒品使用企业中，属于危险化学品"两重点一重大"的装置，巡查频次不得大于 1 次 /h，剧毒储存企业，巡查频次 2 次 /h。

◀ **参考1** 《危险化学品企业安全风险隐患排查治理导则》（应急〔2019〕78号）

3.2.1 装置操作人员现场巡检间隔不大于 2 小时，如该剧毒品构成重大危险源的，涉及"两重点一重大"的生产、储存装置和部位的操作人员现场巡查间隔不得大于 1 小时，参与重大危险源辨识的剧毒化学品、氯光气、三氯氧磷等，如果不构成，属于生产装置的话就按照 2 小时一次。

◀ **参考2** 属于剧毒品储存企业的，则依据《剧毒化学品、放射源存放场所治安防范要求》（GA 1002—2012）

5.1.3 保卫值班室应 24 h 有专人值守。值守人员应每 2 小时对存放场所周围进行一次巡查，巡查时携带自卫器具。

小结： 剧毒品使用企业如涉及"两重点一重大"的装置，巡查频次不得大于 1 次 /h，剧毒储存企业，巡查频次 2 次 /h。

问 194　工贸行业有没有较大隐患判定标准?

答: 没有。

‹ **参考1** 《安全生产事故隐患排查治理暂行规定》(国家安监总局令第
16号)

第三条将事故隐患分为一般事故隐患和重大事故隐患,没有较大隐患
描述。

‹ **参考2** 《工贸企业重大事故隐患判定标准》(应急管理部令第10号)

对工贸行业重大生产安全事故隐患判定标准作出了规定。

小结: 工贸行业目前国家相关法规规范等没有较大隐患判定标准。

问 195　液氨安全检查相关规范文件有哪些?

答: 以下可参照:

‹ **参考1** 《危险化学品企业安全风险隐患排查治理导则》应急〔2019〕
78号附件《安全风险隐患排查表》表9《重点危险化学品特殊管控安全风
险隐患排查表》(二)液氨

‹ **参考2** 《石油化工企业设计防火标准》(GB 50160—2008,2018
年版)

‹ **参考3** 《氨制冷企业安全规范》(AQ 7015—2018)

‹ **参考4** 《合成氨企业安全风险隐患排查指南》

‹ **参考5** 《合成氨生产企业安全标准化实施指南》(AQ/T 3017—
2008)

‹ **参考6** 《合成氨生产企业安全风险防控实施指南》(TSCSWXHXPXH
02—2023)。

问 196　涉氨制冷企业需不需要做安全现状评价报告?

答: 如涉及液氨的储存,需要进行安全现状评价。如液氨未单独储存,建

议咨询当地主管部门意见。

> ‹ **参考** 《危险化学品安全管理条例》（国务院令第 344 号，第 645 号修正）

　　第二十二条　使用、储存危险化学品从事生产的企业，应当委托具备国家规定的资质条件的机构，对本企业的安全生产条件每三年进行一次安全现状评价，提出安全现状评价报告。

　　第三十二条　本条例第二十二条关于生产、储存危险化学品的企业的规定，适用于使用危险化学品从事生产的企业。但是对于涉及液氨制冷企业（如无单独的液氨储罐），液氨在制冷系统中循环，液氨同时储存在制冷系统中是否属于液氨储存，是否需要进行安全现状评价，建议咨询当地主管部门意见。

小结： 如涉及液氨的储存，需要进行安全现状评价。如液氨未单独储存，建议咨询当地主管部门的意见。

第七章
职业卫生

聚焦职业卫生健康，守护员工身心防线，营造安全健康工作环境。

——华安

问 197 职业卫生产生的管理费是否可以纳入安全生产费用？

答： 不可以。

参考1 应急部网站 2019-11-29 规划财务司互动留言

咨询：您好。职业健康查体费用是否可以计入企业安全费用？ 2019-11-27

回复：根据《企业安全生产费用提取和使用管理办法》规定，职业健康查体费用不可以纳入企业安全费用。规划财务司，2019-11-29。

参考2 《企业安全生产费用提取和使用管理办法》（财企〔2022〕136号）解读中的负面清单。

小结： 职业卫生产生的管理费用，不可以纳入企业安全生产费用列支。

问 198 接触危险化学品的叉车工是否需要职业卫生体检？

答： 接触危险化学品的叉车工需根据不同职业病危害因素暴露和发病的特点及剂量 - 效应关系确定是否需要进行职业卫生体检。

参考 《职业健康监护技术规范》（GBZ 188—2014）

4.5　职业健康监护人群的界定原则

4.5.4　根据不同职业病危害因素暴露和发病的特点及剂量 - 效应关系，主要根据工作场所有害因素的浓度或强度以及个体累计暴露的时间长度和工种，确定需要开展健康监护的人群；可参考 GBZ/T 229 等标准。

小结： 接触危险化学品的叉车工需根据不同职业病危害因素暴露和发病的特点及剂量 - 效应关系确定是否需要进行职业卫生体检。

问 199 职业危害告知、安全标志如何选择、排序？

具体问题：《用人单位职业病危害告知与警示标示管理规范》（安监总厅安健〔2014〕111号）标识牌顺序与《安全标志及其使用导则》（GB 2894—2008）中要求标识牌排列顺序不一致，企业应以哪个标准为主？

答： 这两种标识管理规范一个是安全标志使用，一个是职业病危害告知与警示标识。

（1）存在安全风险的场所，参考《安全标志及其使用导则》（GB 2894—2008）第9.5条多个标志牌在一起设置时，应按警告、禁止、指令、提示类型的顺序，先左后右、先上后下地排列；

（2）存在产生严重职业病危害的作业岗位，参考《用人单位职业病危害告知与警示标示管理规范》第三十条多个警示标识在一起设置时，应按禁止、警告、指令、提示类型的顺序，先左后右、先上后下排列。

小结： 从目前执法案例来看，普遍执行国标《安全标志及其使用导则》，而按照风险严重程度则是依据《用人单位职业病危害告知与警示标示管理规范》。从文件效力来看仅限于职业健康执法类，目前该职能已经划归卫健委。

问 200 新安法首次要求关注员工心理健康，如何落实？

答： 可以从以下几方面去落实：

（1）企业应根据法律要求，建立健全心理健康管理制度及操作流程；

（2）企业可定期聘请心理健康咨询医师对员工进行心理状态调查评估，根据心理健康状况的调查评估结果，组织专业人员对员工进行针对性疏导，了解并分析员工心理状态和趋势。在日常工作中，企业可通过班前班后会、定期座谈会、班组安全活动等方式了解员工的心理健康状况；

（3）企业可设置员工心理援助热线，员工可以主动寻求心理咨询帮助；

（4）企业可改善工作条件，如办公环境、就餐环境、娱乐环境等，环境宜人有助于增强员工对岗位、公司的认同，减少心理问题的产生；

（5）形成企业关爱文化，企业关爱包括但不限于员工生日关爱、家庭关爱、节假日慰问、员工特别关爱、优秀员工奖励或认可、陪产假、护理假、员工特别假期、员工家属关爱等；

（6）企业定期进行心理健康相关活动、培训等。

问 201 劳保防护用品的"三证一标"取消了吗？

答： 劳保防护用品的"三证一标"生产许可证、产品合格证、安全鉴定证和安全标志强制要求已被取消。具体参考如下：

‹ 参考 1 《关于调整工业产品生产许可证管理目录加强事中事后监管的决定》（国发〔2019〕19号），取消了特种劳动防护用品的工业产品生产许可证。

‹ 参考 2 《特种劳动防护用品安全标志实施细则》于2016年2月4日由《国家安全监管总局关于宣布失效一批安全生产文件的通知》（安监总办〔2016〕13号）文件宣布废止。

‹ 参考 3 《国家安全监管总局关于废止和修改劳动防护用品和安全培训等领域十部规章的决定》国家安全生产监督管理总局令（第80号）宣布《劳动防护用品监督管理规定》自2015年7月1日起废止。

小结： 劳保用品"三证一标"已被取消。

问 202 安全带需要定期检验吗？

答： 安全带建议定期检验，周期最长不超过1年。

‹ 参考 《坠落防护 安全带》（GB 6095—2021）附录B

B.5.1 使用单位应根据使用环境、使用频次等因素对在用的安全带进行周期性检查，建议检验周期最长不超过1年。

问 203 三点式安全带的适用作业范围是否有规范可参考？

答： 有，三点式安全带适用于围栏作业和区域限制，不适用于坠落悬挂作业。

三点式安全带：也称半身式安全带，只紧固上半身的一种安全带，但当发生高坠时，冲击力全部集中在人体的上半身，不能有效地缓冲，而导致人体内脏受到伤害/致使人体腰部受伤。

三点式安全带不适合高空作业，如果往上拉肩带，腰腹部的就会被拉到胸腔位置、整体向上位移。

三点式安全带适用范围是围栏作业和区域限制，并明确规定不能用于悬吊作业。

‹ **参考1** 《坠落防护　安全带》（GB 6095—2021）

5.3.1　区域限制用安全带的组成与设计

5.3.1.1　区域限制用安全带应至少包含下列组成部分：

——可连接区域限制用部件的系带；

——可连接系带与挂点装置的区域限制安全绳或速差自控器等起限制及定位作用的零部件；

——可连接安全带内各组成部分的环类零部件及连接器。

5.3.1.2　区域限制用安全带的设计应至少符合下列要求：

——区域限制用系带应为半身式、单腰带式或全身式系带；

——系带应包含一个或多个区域限制用连接点；

——系带连接点应位于使用者前胸、后背或腰部；

——当区域限制安全绳长度大于2m时应加装长度调节装置或安全绳回收装置；

当安全带可用于多个作业类别时，应符合相应作业类别的要求。

‹ **参考2** 《坠落防护　安全带》（GB 6095—2021）

5.3.2　围杆作业用安全带的组成与设计

5.3.2.1　围杆作业用安全带应至少包含下列组成部分：

——可连接围杆作业用部件的系带；

——可围绕杆、柱等构筑物并可与系带连接的围杆作业安全绳等部件；

——可连接安全带内各组成部分的环类零部件及连接器。

5.3.2.2　围杆作业用安全带的设计应至少符合下列要求：

——围杆作业用系带应为半身式、单腰带式或全身式系带；

——系带应包含一对围杆作业用连接点；

——系带连接点应位于使用者腰部两侧；

——当围杆作业安全绳长度大于2m时应加装长度调节装置或安全绳回收装置；

当安全带可用于多个作业类别时，应符合相应类别的要求。

‹ **参考3** 《坠落防护　安全带》（GB 6095—2021）

5.3.3　坠落悬挂用安全带的组成与设计

5.3.3.1　坠落悬挂用安全带应至少包含下列组成部分：

——可连接坠落悬挂用部件的系带；

——可连接系带与挂点装置或构筑物的安全绳及缓冲器、速差自控器、自锁器等中的一种；

——可连接安全带内各组成部分的环类零部件及连接器。

5.3.3.2 坠落悬挂用安全带的设计应至少符合下列要求：

——坠落悬挂用系带应为全身式系带；

——系带应包含一个或多个坠落悬挂用连接点；系带连接点应位于使用者前胸或后背；

——当安全带中的坠落悬挂用零部件仅含坠落悬挂安全绳时，安全绳应具备能量吸收功能或与缓冲器一起使用；

——包含未展开缓冲器的坠落悬挂安全绳长度应小于或等于2m；

——当安全带可用于多个作业类别时，应符合相应类别的要求。

参考 4 《坠落防护 安全带》（ GB 6095—2021 ）

附录 A1.1.2 系带样式应为单腰带式、半身式及全身式系带。半身式系带在单腰带基础上至少增加 2 条肩带。全身式系带在半身式系带的基础上至少包含 2 条绕过大腿和位于臀部的骨盆带。

小结： 三点式安全带适用于围栏作业和区域限制，不适用于坠落悬挂作业。

问 204 安全帽多久更换、报废？

答： 主要参考如下：

参考 《头部防护 安全帽选用规范》（ GB/T 30041—2013 ）

对报废工作提出了具体的判定要求：

第 6.1 条 当出现下列情况之一时，即予判废，包括：

1）所选用的安全帽不符合 GB 2811—2019 的要求；

2）所选用的安全帽功能与所从事的作业类型不匹配；

3）所选用的安全帽超过有效使用期；

4）安全帽部件损坏，缺失，影响正常佩戴；

5）所选用的安全帽经定期检验和抽查为不合格；

6）安全帽受过强烈冲击，即使没有明显损坏；

7）当发生使用说明中规定的其他报废条件时。

当公司制度与厂家安全说明违背时，按厂家建议的报废期限执行。

问 205　公司员工未做职业健康岗前体检会有什么风险？

答： 企业应当按照规定组织劳动者进行职业健康岗前体检，否则可以被职业卫生监管部门限期改正，给予警告并处罚款甚至责令关闭。

‹ **参考1** 《职业健康监护技术规范》（GBZ 188—2014）

第4.6.1.1条　上岗前健康检查的主要目的是发现有无职业禁忌证，建立接触职业病危害因素人员的基础健康档案。上岗前健康检查均为强制性职业健康检查，应在开始从事有害作业前完成。

‹ **参考2** 《用人单位职业健康监护监督管理办法》（原国家安监总局令第49号）

第十一条　用人单位应当对下列劳动者进行上岗前的职业健康检查：

（一）拟从事接触职业病危害作业的新录用劳动者，包括转岗到该作业岗位的劳动者；

（二）拟从事有特殊健康要求作业的劳动者。

第二十七条、第二十九条对未按照规定组织职业健康检查、安排未经职业健康检查的劳动者从事接触职业病危害的作业的进行处罚。

第二十七条　用人单位有下列行为之一的，责令限期改正，给予警告，可以并处5万元以上10万元以下的罚款：（一）未按照规定组织职业健康检查、建立职业健康监护档案或者未将检查结果如实告知劳动者的。

第二十九条　用人单位有下列情形之一的，责令限期治理，并处5万元以上30万元以下的罚款；情节严重的，责令停止产生职业病危害的作业，或者提请有关人民政府按照国务院规定的权限责令关闭：（一）安排未经职业健康检查的劳动者从事接触职业病危害的作业的。

‹ **参考3** 《工作场所职业卫生管理规定》（国家卫生健康委员会令第5号）

第三十条　对从事接触职业病危害因素作业的劳动者，用人单位应当按照《用人单位职业健康监护监督管理办法》《放射工作人员职业健康管理办法》《职业健康监护技术规范》（GBZ 188—2014）、《放射工作人员健康要求及监护规范》（GBZ 98—2020）等有关规定组织上岗前、在岗期间、离岗时的职业健康检查，并将检查结果书面如实告知劳动者。

第四十九条、第五十一条对未按要求组织职业健康检查、从事职业禁忌证等情形进行处罚。第四十九条　用人单位有下列情形之一的，责令限期改正，给予警告，可以并处五万元以上十万元以下的罚款：（四）未按照规定组织劳动者进行职业健康检查、建立职业健康监护档案或者未将检查结果书面告知劳动者的。

第五十一条　用人单位有下列情形之一的，依法责令限期改正，并处五万元以上三十万元以下的罚款；情节严重的，责令停止产生职业病危害的作业，或者提请有关人民政府按照国务院规定的权限责令关闭：（七）安排未经职业健康检查的劳动者、有职业禁忌的劳动者、未成年工或者孕期、哺乳期女职工从事接触产生职业病危害的作业或者禁忌作业的。

第八章

环保安全

践行绿色发展理念，严守环保安全底线，统筹生产与环境保护。

——华安

问 206 环保设施 RCO 催化燃烧设备与其他设施、设备、建筑物的防火间距，按明火设备或明火地点考虑吗？

答： 使用电加热等无外露火焰、炽热表面的 RCO（蓄热催化燃烧装置），可视为"操作温度低于自燃点的工艺设备"，不按明火设备考虑。使用液化气、天然气、轻柴油等为燃料的 RCO，应按照明火设备确定防火间距。

◀ **参考1** RCO 与 RTO（蓄热燃烧装置）的异同点

（1）相同点

换热方式相同：RCO、RTO 都是氧化产生的高温气体流经陶瓷蓄热体，使陶瓷体升温而"蓄热"，此"蓄热"用于预热后续进入的有机废气，从而节省废气升温的燃料消耗。

（2）不同点

① 燃烧方式不同。RTO 不用催化剂，将有机废气送入燃烧室直接燃烧，把有机废气加热到燃点以上（一般 760℃以上），使废气中的 VOCs 高温氧化分解成二氧化碳和水。燃烧室需要一支长明火，使用液化气、天然气、轻柴油等为燃料来维持，电加热不适合。

RCO 使用贵重金属催化剂，降低废气中有机物 VOCs 与 O_2 的反应活化能，使得有机物 VOCs 可以在 250～350℃较低温度就能充分氧化生成 CO_2 和 H_2O，属无焰燃烧。RCO 氧化反应温度较低，推荐使用电加热，也可以使用液化气、天然气、轻柴油等为燃料。当废气达到一定浓度时，其燃烧热量足以维持设备正常运转，无需外加燃料。

② 适用性及运行情况不同。RTO 适用于高浓度处理中高浓度的有机废气，适用于大多数有机废气。连续性运行，运行温度在 760℃以上。

RCO 在处理低浓度有机废气时表现出较好的效果，含硫磷类废气会使催化剂中毒，不适合用 RCO 处理。催化剂昂贵，需定期更换。间歇式运行，运行温度 250～500℃。

③ 污染物不同。RCO 因处理温度低不会产生 NO_x 二次污染物，RTO 高温会产生 NO_x 二次污染物。

④ 明火设备属性不同。RTO 燃烧室有长时间明火，基本符合 GB 50160—2008 对明火设备的定义：燃烧室与大气连通，非正常情况下有火焰外露的加热设备和废气焚烧设备。条文说明中明确包括废气焚烧炉。

RCO 无焰燃烧，不符合 GB 50160—2008 对明火设备的定义。

参考 2 RCO 的安全风险

（1）使用燃气等燃烧加热蓄热体到了有机废气燃点以上（760℃以上），温度过高，超过设备材料承受能力引发安全事故。

（2）蓄热床蓄热时间较长时，释放的热量极高，达到 1000℃超高温，超过设备材料承受能力引发安全事故或者高浓度废气燃烧爆炸。

（3）不按要求更换催化剂，导致催化剂性能不足，而采用燃气一直燃烧把蓄热体加热到有机废气燃点以上（760℃以上），也就是当成 RTO 来用。

（4）RCO 前端的活性炭吸附—脱附过程，在前期的 VOCs 浓缩过程中，当对吸附饱和的活性炭进行脱附处理时，如果脱附温度过高，会由于脱附箱体内温度过高导致活性炭着火。

参考 3 明火地点的定义：

参考《石油化工企业设计防火标准》（GB 50160—2008，2018 年版）

2.0.7　明火地点室内外有外露火焰、炽热表面的固定地点。

2.0.8　明火设备燃烧室与大气连通，非正常情况下有火焰外露的加热设备和废气焚烧设备。（条文说明 2.0.8：明火设备主要指明火加热炉、废气焚烧炉、乙烯裂解炉等）

参考 4《工业有机废气蓄热催化燃烧装置》(JB/T 13733—2019)

第 3.3 条　蓄热催化燃烧装置 regenerative catalytic oxidizer（RCO）

利用 VOCs 氧化催化剂的作用，催化氧化有机废气中的 VOCs，同时利用蓄热体的蓄热能力对 VOCs 氧化反应产生的热量和加热设备产生的热量进行循环利用的工业有机废气净化装置。

注：主要由换向阀门、蓄热床、催化床（一个催化床连接一个蓄热床，两者数量一致）、加热设备（电加热器或燃烧器）、壳体、控制系统、安全装置及其附属设备等组成。

第 6.2.1 条　RCO 的运行温度宜为 250～500℃，应根据废气成分及催化剂种类而设定。

参考 5《蓄热燃烧法工业有机废气治理工程技术规范》(HJ 1093—2020)

第 3.3 条　蓄热燃烧装置 regenerative thermal oxidizer（RTO）

指将工业有机废气进行燃烧净化处理，并利用蓄热体对待处理废气进行换热升温、对净化后排气进行换热降温的装置。蓄热燃烧装置通常由换向设备、蓄热室、燃烧室和控制系统等组成。

第 6.3.3.4 条　燃烧室燃烧温度一般应高于 760℃。

小结： 使用电加热等无外露火焰、炽热表面的 RCO 设备，可视为"操作温度低于自燃点的工艺设备"，不按明火设备考虑。使用液化气、天然气、轻柴油等为燃料的 RCO 设备，应按照明火设备确定防火间距。

问 **207** 企业 PLC 控制室和 RTO 炉设在锅炉房内，PLC 控制室面向 RTO 炉开门窗，这样设计符合要求吗？

答： 石油化工企业 PLC（可编程逻辑控制器）控制室面向 RTO 炉开窗不符合要求，其他类型企业建议参考石油化工企业执行。

　参考《石油化工企业设计防火标准》（GB 50160—2008，2018 版）

5.2.18　布置在装置内的控制室、机柜间、变配电所、化验室、办公室等的布置应符合下列规定：

3　控制室、机柜间面向有火灾危险性设备侧的外墙应为无门窗洞口、耐火极限不低于 3h 的不燃烧材料实体墙。

小结： PLC 控制室面向 RTO 炉开门窗不符合要求。

问 **208** RTO 装置运行过程中的主要风险是什么？

答： RTO 装置运行过程中主要安全风险是火灾、爆炸。

　参考 1 蓄热燃烧装置 regenerative thermal oxidizer（RTO）

RTO 指将工业有机废气进行燃烧净化处理，并利用蓄热体对待处理废气进行换热升温、对净化后排气进行换热降温的装置。蓄热燃烧装置通常由换向设备、蓄热室、燃烧室和控制系统等组成。易反应、易聚合的有机物不宜采用蓄热燃烧法处理，含卤素的废气不宜采用蓄热燃烧法处理。蓄热燃烧工艺可以分为固定式蓄热燃烧工艺和旋转式蓄热燃烧工艺。废气在燃烧室的停留时间一般不宜低于 0.75s，燃烧室燃烧温度一般应高于 760℃。

　参考 2 RTO 运行过程的安全风险如下所示：

（1）RTO 废气组分的安全风险。废气组分复杂，如相互禁忌发生反应存在一定的安全风险。如废气混合后有可能达到 VOCs 的爆炸范围和氧含量的范围要求，在一定的能量或温度下，就会发生爆炸。

（2）废气浓度过高如达到爆炸极限，容易被蓄热体高温引爆，高浓度有机废气容易形成爆炸性气体环境，通入 RTO 容易被引爆。因此应对废气组分浓度进行监测，严格控制废气浓度在爆炸下限（LEL）的 25% 以下。同时需要设置 RTO 装置在线废气浓度检测仪，并且在在线废气浓度检测仪后一定距离处设置废气切断阀。当高浓度气体经过在线废气浓度检测仪后，废气切断阀应在高浓度气体到达前完全关闭。

（3）如 RTO 装置设置的冷、热旁通故障，可能导致 RTO 温度异常，进而导致事故的发生。

（4）废气高分点组分容易在输送管道中冷凝，随着废气进入 RTO 炉后，遇高温气化，气相组分浓度突增到爆炸极限，容易引发爆炸事故。

（5）如处于爆炸危险区域的电气设备不具备防爆功能，容易引发火灾爆炸事故。

（6）如 RTO 未设置相应的吹扫、燃烧状态监测、防燃保护、燃料压力监测、断电保护、防止气体泄漏事故的措施、应急排空阀、废气切断阀、超温联锁等，可能导致在异常状况下无法及时处理，导致火灾、爆炸等事故的发生。

小结： RTO 装置运行过程中主要安全风险是火灾、爆炸。

问 209 应急事故池水检测达到雨水排放要求，可以排到雨水管网吗？

答： 可以排放。

‹ **参考** 《化工建设项目环境保护工程设计标准》（GB/T 50483—2019）

6.6.2 对排入应急事故水池的废水应进行污染物监测，并应采取下列措施：

1. 达到回用水水质指标要求时应回用；

2. 不符合回用要求，但符合排放标准要求时，可直接排放或回收至回用水处理装置；

3. 不符合排放标准要求，但符合污水处理场（站）进水水质要求时，应限流进入污水处理厂（站）处理；

4.不符合污水处理厂（站）进水水质要求时，应委托有资质单位处理（置）。

小结： 应急事故池水检测达到雨水排放要求，可以排到雨水管网。

问 210 事故应急池区分安全和环保吗？

答： 不分。

当项目环境影响评价报告对事故应急池有要求时，应按相关要求建设事故应急池。根据《建设项目环境风险评价技术导则》（HJ 169—2018）和《化工建设项目环境保护工程设计标准》（GB/T 50483—2019）有关规定，确定事故应急池相关容积。

小结： 事故应急池不分安全和环保。

问 211 应急事故池运行管理措施有哪些？

答： 事故应急池运行应满足容积、防渗等的要求。

‹ 参考1 《化工建设项目环境保护工程设计标准》（GB/T 50483—2019）

6.6.3 应急事故水池设计应符合下列规定：1.水池容积应根据事故物料泄漏量、消防废水量、进入应急事故水池的降雨量等因素确定；2.宜采取地下式；3.应采取防渗、防腐、防洪、抗震等措施；4.事故废水中含有甲类、乙类、丙类物质时，火灾类别按丙类设计，事故状态下应按甲类运行管理；5.当事故期间事故废水必须转输时，转输泵及其备用泵的电源应按一级负荷确定：当不能满足一级负荷要求时，应设双动力源。备用泵配置应与消防供水泵相一致。

‹ 参考2 《石油化工企业设计防火标准》（GB 50160—2008，2018年版）

4.2.8A 事故水池和雨水监测池宜布置在厂区边缘的较低处，可与污水处理场集中布置。事故水池距明火地点的防火间距不应小于25m，距可能携带可燃液体的高架火炬的防火间距不应小于 60m。

> **参考 3**　《石化企业水体环境风险防控技术要求》(Q/SH 0729—2018)

5.5.8　事故池宜单独设置，非事故状态下需占用时，占用容积不得超过 1/3，且具备在事故发生时 30 分钟内紧急排空的设施。

5.5.14　事故池收集挥发性有害物质时，其用电设备、消防设施、平面布置应采取安全措施，火灾危险类别按甲类。

5.5.16　事故池收集挥发性有害物质时，周边 15m 范围为防爆区，所有用电设备应防爆。

（2）运行管理措施：事故应急池在满足容积的前提下，某些特殊行业建设时还需考虑其他方面的要求。

例如石化行业，事故应急池建设时需根据实际情况采取防渗、防腐、防冻等措施；池内设置必要抽水设施（电气按防爆标准选用），并与污水管线连接；事故应急池需建设必要的导液管（沟），使得事故废水能顺利流入应急池内，应急池位置及导液沟距离明火地点不应小于 30m 等；

事故应急池一般宜采取地下式，以利于收集废水防止漫流，而对于容积较大的事故应急池也可采用半地下式或地上式，但与其相关的用电设备的电源需满足《供配电系统设计规范》（GB 50052—2009）所规定的一级负荷供电要求（当线路发生故障停电时，供电系统仍保证连续供电，即双电源供电），确保事故废水能全部泵入事故应急池。

问 212　甲类厂房设置排水沟和室外的污水井相连接，污水井里面可以测出硫化氢和可燃气体，可以设置什么设施防止气体反窜？

答： 生产污水可以设置水封井防止气体反窜。

> **参考 1**　参照《石油化工给水排水管道设计规范》(SH 3034—2012)

6.2　水封

6.2.1　生产污水管道的下列部位应设水封；
工艺装置内的塔、加热炉、泵、设备冷换设备等区围堰的排水出口；
工艺装置、罐组或其他设施及建筑物、构筑物、管沟等的排水出口管道上；

全厂性的支干管与干管交汇处的支干管上；

全厂性支干管、干管的管段长度超过 300m 的上游管道上。

> **参考2** 《石油化工企业设计防火标准》（GB 50160—2008，2018版）

7.3.2　生产污水排放应采用暗管或覆土厚度不小于 200mm 的暗沟。设施内部若必须采用明沟排水时，应分段设置，每段长度不宜超过 30m，相邻两段之间的距离不宜小于 2m。

7.3.3　生产污水管道的下列部位应设水封，水封高度不得小于 250mm：

1. 工艺装置内的塔、加热炉、泵、冷换设备等区围堰的排水出口；

2. 工艺装置、罐组或其他设施及建筑物、构筑物、管沟等的排水出口；

3. 全厂性的支干管与干管交汇处的支干管上；

4. 全厂性支干管、干管的管段长度超过 300m 时，应用水封井隔开。

本条对生产污水管道设水封作出规定。

1. 水封高度，我国过去采用 250mm，美、法、德等国都采用 150mm。考虑施工误差，且不增加较多工程量，却增加了安全度，故本条文仍定为 250mm。

2. 生产污水管道的火灾事故各厂都曾多次发生，有的沿下水道蔓延几百米甚至上千米，数个井盖崩起，且难以扑救。所以对设置水封要求较严。过去对不太重要的地方，如管沟或一般的建筑物等往往忽视，由于下水道出口不设水封，曾发生过几次事故。例如，某炼厂在工艺阀井中进行管道补焊，阀井的排水管无水封，火星自阀井的排水管串入下水管，400 多米管道相继起火，多个井盖被崩开。又如有多个石油化工厂发生过由于厕所的排水排至生产污水管道，在其出口处没有设置水封，可燃气体自外部下水道窜入厕所内，遇有人吸烟，而引起爆炸。

3. 排水管道在各区之间用水封隔开，确保某区的排水管道发生火灾爆炸事故后，不致串入另一区。

小结：生产污水可以设置水封井防止气体反窜。

问 213　放空管高度有没有要求？

答：放空管有高度要求。

参考1　《石油化工企业设计防火标准》（GB 50160—2008，2018年版）

第 5.5.11 条　受工艺条件或介质特性所限，无法排入火炬或装置处理排放系统的可燃气体，当通过排气筒、放空管直接向大气排放时，排气筒、放空管的高度应符合下列规定：

1）连续排放的排气筒顶或放空管口应高出 20m 范围内的平台或建筑物顶 3.5m 以上，位于排放口水平 20m 以外斜上 45° 的范围内不宜布置平台或建筑物；

2）间歇排放的排气筒顶或放空管口应高出 10m 范围内的平台或建筑物顶 3.5m 以上，位于排放口水平 10m 以外斜上 45° 的范围内不宜布置平台或建筑物；

3）安全阀排放管口不得朝向邻近设备或有人通过的地方，排放管口应高出 8m 范围内的平台或建筑物顶 3m 以上。

参考2　《石油化工金属管道布置设计规范》（SH 3012—2011）

第 8.2 条：泄压排放管道的布置

8.2.1　直接向大气排放的非可燃气体放空管的高度应符合下列规定：

a）设备或管道上的放空管应高出邻近的操作平台 2.2m 以上；

b）紧靠建筑物、构筑物或其内部布置的设备或管道的放空口，应高出建筑物或构筑物顶 2.2m 以上。

8.2.2　受条件或介质特性所限，无法排入火炬或装置处理排放系统的可燃气体，当通过排气筒、放空管直接向大气排放时，排气筒、放空管的高度应符合下列规定：连续排放的排气筒顶或放空管口应高出 20m 范围内的操作平台或建筑物顶 3.5m 外的操作平台或建筑物应符合图 1 的要求。

间歇排放的排气筒顶或放空管口应高出 10m 范围内的操作平台或建筑物顶 3.5m 以上，位于 10m 以外的操作平台或建筑物，应符合图 1 的要求。

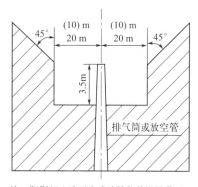

注：阴影部分为平台或建筑物的设置范围。

图 1　可燃气体排气筒或放空管高度示意图

173

◁ **参考3** 《深度冷冻法生产氧气及相关气体安全技术规程》（GB 16912—2008）

第11.3.4条　各种气体放散管均应伸出厂房墙外。放散口宜设在高出操作面4m以上的安全处。地坑排放的氮气放散管口，距主控室不应小于10m。

◁ **参考4** 《化工装置设备布置设计规定》（HG/T 20546—2009）

5.1.1　除无毒不可燃介质外，连续排放的放空管从它的外缘水平距离20m半径范围内所设置的平台，必须至少低于放空管顶部3.5m。位于放空管外径边缘水平距离20m半径以外的平台，从水平半径20m的末端垂直引线与放空管顶部标高线的交点以45°引伸线向上引出，引伸线以下的地区可设置平台。如图5.1.1所示。

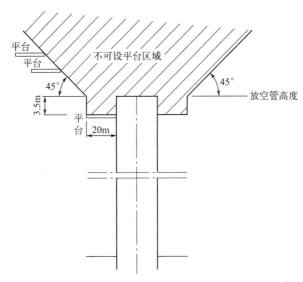

图5.1.1　放空管高度及周围平台示意图

5.1.2　紧靠建筑物、构筑物或室内布置的设备放空管，应高出建筑物、构筑物2m以上。

5.1.3　除无毒不可燃介质外，从释放阀、安全阀出口排放点（非连续放空）的高度至少应比其出口管外径边缘算起水平距离10m半径以内的操作平台或厂房屋顶高出3.5m以上。

5.1.4　从气体放空口排出气体时，要防止地面或平台上的操作，维修人员遭受噪声或烫伤的危害。

小结： 放空管有高度要求。

问 214　苯、二甲苯、甲苯的储罐设计在环保方面有什么具体要求？

答： 原则上苯、甲苯、二甲苯储罐应采用内浮顶设计，同时加装油气回收设施。

‹ 参考1 《石化行业挥发性有机物综合整治方案》（环发〔2014〕177号）规定："挥发性有机液体储存设施应在符合安全等相关规范的前提下，采用压力罐、低温罐、高效密封的浮顶罐或安装顶空联通置换油气回收装置的拱顶罐，其中苯、甲苯、二甲苯等危险化学品应在内浮顶罐基础上安装油气回收装置等处理设施。"

‹ 参考2 《油气回收处理设施技术标准》（GB/T 50759—2022）

第3.0.4条　苯、甲苯、二甲苯等储罐应设置油气回收处理设施。

‹ 参考3 《石油化工企业设计防火标准》（GB 50160—2008，2018年版）

6.2.2　储存甲$_B$、乙$_A$类液体应选用金属浮舱式的浮顶或内浮顶罐，对于有特殊要求的物料或储罐容积小于或等于200m³的储罐，在采取相应安全措施后可选用其他型式的储罐。

‹ 参考4 有机废气排放需满足相关大气污染物排放标准及《挥发性有机物无组织排放控制标准》（GB 37822—2019）规定要求。

小结： 原则上苯、甲苯、二甲苯储罐应采用内浮顶设计，同时加装油气回收设施。

问 215　丙烯腈储罐呼吸阀直接大气排放，符合规范吗？

答： 丙烯腈是高毒液体，高度危害，不能直接排放。

‹ 参考1 《石油化工储运系统罐区设计规范》（SH/T 3007—2014）

4.2.10 储存Ⅰ、Ⅱ级毒性的甲$_B$、乙$_A$类液体储罐不应大于 10000m³，且应设置氮气或其他惰性气体密封保护系统。

> **参考 2** 《石油化工企业职业安全卫生设计规范》(SH/T 3047—2021) 对介质排放的要求：

7.1.2 介质排放

7.1.2.2 严格限制工艺物料向大气环境的排放，外排的重油宜采取密闭排放措施。

7.1.2.3 调节阀、仪表液位计、泵进出口、泵入口过滤器、泵体、管线低点等部位宜采用密闭排放。

7.1.2.4 挥发性酸性物料储罐的排放气应设置水洗吸收系统。极度危害或高度危害物料储罐排放气应采取吸收处理措施或高点达标排放。

小结： 丙烯腈不可直排大气，应采取处理措施。

问 216 多个储罐尾气联通回收系统是否需要安全论证合格？

答： 需要安全论证合格。如中石化内部储罐可按照《石油化工储运罐区VOCs 治理项目油气连通工艺实施方案及安全措施指导意见》(中国石化炼发函〔2016〕127 号) 去设计。

> **参考 1** 《国家安全监管总局关于进一步加强化学品罐区安全管理的通知》(安监总管三〔2014〕68 号)：立即暂停使用多个化学品储罐尾气联通回收系统，经安全论证合格后方可投用。

> **参考 2** 《石油化工储运罐区 VOCs 治理项目油气连通工艺实施方案及安全措施指导意见》(中国石化炼发函〔2016〕127 号) 具体说明和附图。

小结： 需要安全论证合格。如中石化内部储罐可按照《石油化工储运罐区VOCs 治理项目油气连通工艺实施方案及安全措施指导意见》(中国石化炼发函〔2016〕127 号) 去设计。

问 217 生产尾气是否可以串联排放？

答： 经安全论证，串联后不发生化学反应并形成爆炸性混合气体，可采用串联排放。

> **参考1** 《石油化工企业设计防火标准》（GB 50160—2008，2018年版）

第5.5.14条　严禁将混合后可能发生化学反应并形成爆炸性混合气体的几种气体混合排放。

> **参考2** 根据《国家安全监管总局关于进一步加强化学品罐区安全管理的通知》（安监总管三〔2014〕68号）立即暂停使用多个化学品储罐尾气联通回收系统，经安全论证合格后方可投用

> **参考3** 《危险化学品企业安全风险隐患排查治理导则》（应急〔2019〕78号）

（五）现场工艺安全

2.1　不同的工艺尾气排入同一尾气处理系统，应进行安全风险分析；

2.2　使用多个化学品储罐尾气联通回收系统的，需经安全论证合格后方可投用。严禁将混合后可能发生化学反应并形成爆炸性混合气体的几种气体混合排放。

小结： 经安全论证，串联后不发生化学反应并形成爆炸性混合气体，可采用串联排放。

问 218　在关键设备上搭建小屋进行密闭防止 VOCs 泄漏，对密闭小屋有什么要求呢？

答： 在关键设备上搭建小屋进行密闭防止 VOCs 泄漏，由无组织排放变为有组织排放，有组织排放属于重大变更的需要严格落实环评审批要求，不属于重大变更的需要落实排污许可要求，按要求设置排放尾气收集装置，进行防爆、气体报警等设计，必要时设置通风等紧急备用措施。

（1）防爆。安装于小屋上的所有带电设备均为独立的防爆部件，如配电设备、照明设备、通风设备、分析仪等部件均已经取得防爆认证，为独立的防爆产品。

（2）通风。该小屋主要的目的是防止 VOCs 泄漏，故密闭通风是必要的，将泄漏的 VOCs 统一处理。要合理布置引风口的位置、数量。

（3）可燃气报警器。密闭小屋内一旦 VOCs 积聚，与空气形成爆炸性危险环境，遇到点火源，将导致火灾、爆炸事故的发生。VOCs 积聚，将导致接近的人员中毒和窒息事故的发生，故需按照标准要求设置必要的可燃气报警器以及氧气报警器，同时与通风设施联锁。

小结： 关键设备上搭建小屋进行密闭防止 VOCs 泄漏，密闭小屋需要设置必要的通风、防爆、设置报警器等。

问 219 有毒物质不能紧急泄放至大气的标准依据是什么？

答： 不是绝对不能紧急泄放至大气。有的有毒气体只能泄放到大气，如氯碱企业的氯乙烯球罐的紧急排放；丙烯腈集中排放至火炬要分析其危害性。

参考1 《石油化工企业设计防火标准》（GB 50160—2008，2018年版）

5.5.15 液体、低热值可燃气体、含氧气或卤族元素及其化合物的可燃气体、毒性为极度和高度危害的可燃气体、惰性气体、酸性气体及其他腐蚀性气体不得排入全厂性火炬系统，应设独立的排放系统或处理排放系统。

参考2 《精细化工企业工程设计防火标准》（GB 51283—2020）

5.7.5 安全泄放设施的出口管应接至焚烧、吸收等处理设施。受工艺条件或介质特性限制，无法排入焚烧、吸收等处理设施时，可直接向大气排放，但其排放管口不得朝向邻近设备或有人通过的地方，且应高出 8m 范围内的平台或建筑物顶 3m 以上。

精细化工企业规模小，一般不设火炬。为满足安全环保要求，根据介质性质，一些安全泄放装置的出口管应接至焚烧设施，一些应接至吸收等设施。受工艺条件或介质特性限制而无法排入焚烧等处理设施的特殊情况下，可直接向大气排放，但其排放管口有限制，以保证人员安全。

参考3 《石油化工储运系统罐区设计规范》（SH/T 3007—2014）

6.4.2 压力储罐的安全阀设置应符合下列规定：

g）安全阀排出的气体应排入火炬系统。排入火炬系统确有困难时，除Ⅰ～Ⅲ级有毒气体外，其他可燃气体可直接排入大气，但其排气管口应高出 8m 范围内储罐罐顶平台 3m 以上，也可将安全阀排出的气体引至安全地点排放。

问 220　危险废物库房可以建设在甲类仓库吗？

答： 危险废物（简称危废）库（房）的要求和管理源于环保管理，执行相关危废污染防治标准；甲类库源于火灾危险性、安全管理，执行相关防火设计规范。两种库房的建设标准不矛盾，也不重合，危废库据火灾危险性确定防火等级，可以是甲类库。但是，甲类库内新增危废库，需要按照《危险废物贮存污染控制标准》（GB 18597—2023）标准重新设计和建设，属于环保类重大变更的应执行环评并取得批复后设置，擅自堆放危险废物违反《中华人民共和国固体废物污染环境防治法》。

危废库应满足以下要求：

（1）危废仓库要独立、密闭，上锁防盗，仓库内要有安全照明设施和观察窗口，危废仓库管理责任制要上墙；

（2）仓库地面要防渗，顶部防水、防晒；地面与裙脚要用坚固、防渗的材料建造，建筑材料必须与危险废物相容，门口要设置围堰；

（3）存放危废为液体的仓库内必须有泄漏液体收集装置（例如托盘、导流沟、收集池），存放危废为具有挥发性气体的仓库内必须有导出口及气体净化装置；

（4）仓库门上要张贴包含所有危废的标识、标牌，仓库内对应墙上有标志标识，无法装入常用容器的危险废物可用防漏胶袋等盛装，包装桶、袋上有标签；

（5）危废和一般固废不能混存，不同危废分开存放并设置隔断隔离；

（6）仓库现场要有危废产生台账和转移联单，在危险废物回收后应继续保留三年；

（7）装载液体、半固体危险废物的容器内须留足够空间，容器顶部与液体表面之间保留 100 毫米以上的空间。用以存放装载液体、半固体危险废物容器的地方，必须有耐腐蚀的硬化地面，且表面无裂隙；

（8）按要求设置危废仓库标志标牌。

小结： 危废库可以设置在甲类仓库内，但需要正规设计。

问 221 怎样设置危险废物库房气体收集装置和气体净化设施？

答： 应按照《挥发性有机物无组织排放控制标准》GB 37822—2019 等标准的要求设置危废库集气罩等收集装置和气体净化设施。

> **参考** 《挥发性有机物无组织排放控制标准》（GB 37822—2019）

10.2 废气收集系统要求

10.2.1 企业应考虑生产工艺、操作方式、废气性质、处理方法等因素，对 VOCs 废气进行分类收集。

10.2.2 废气收集系统排风罩（集气罩）的设置应符合 GB/T 16758—2008 的规定。采用外部排风罩的，应按 GB/T 16758—2008、AO/T 4274—2016 规定的方法测量控制风速，测量点应选取在距排风罩开口面最远处的 VOCs 无组织排放位置，控制风速不应低于 0.3m/s（行业相关规范有具体规定的，按相关规定执行）。

10.2.3 废气收集系统的输送管道应密闭。废气收集系统应在负压下运行，若处于正压状态，应对输送管道组件的密封点进行泄漏检测，泄漏检测值不应超过 500μmol/mol，亦不应有感官可察觉泄漏。泄漏检测频次、修复与记录的要求按照《挥发性有机物无组织排放控制标准》（GB 37822—2019）第 8 章规定执行。

气体净化设施的排气筒高度，应满足《大气污染物综合排放标准》（GB 16297—1996）规定的污染物排放限值标准（最高允许排放浓度和最高允许排放速率）为准。

小结： 应按照《挥发性有机物无组织排放控制标准》等标准的要求设置危废库集气罩等收集装置和气体净化设施。

问 222 烟气分析仪小屋内氧气报警仪的安装高度是多少？气体探测器的区域报警器安装高度是多少？

答： 氧气探测器按照高度宜距地坪或楼地板 1.5m～2.0m。区域报警器高于现场区域地面或楼地板 2.2m，且位于工作人员易于察觉的地点。

> **参考** 《石油化工可燃气体和有毒气体检测报警设计标准》（GB/T 50493—2019）

6.1.3 环境氧气探测器的安装高度宜距地坪或楼地板 1.5m～2.0m。

6.2.3 现场区域警报器的安装高度应高于现场区域地面或楼地板 2.2m，且位于工作人员易察觉的地点。

小结： 氧气探测器按照高度宜距地坪或楼地板 1.5m～2.0m。区域报警器高于现场区域地面或楼地板 2.2m。

问 223 化验室仪器使用氢气要不要装可燃气体报警器？

答： 需要安装。

参考1 《科研建筑设计标准》（JGJ 91—2019）

4.1.13 第 4 实验用易燃、易爆、极低温、易泄漏等危险化学品的液体罐、气体罐，应设相应分类的液体室、气体室，宜靠外墙设置，并应设不间断机械通风及监测报警系统。

5.2.6 易发生火灾、爆炸、缺氧、极低温和其他危险化学品引发事故的实验室，其房间的门必须向疏散方向开启，并应设置监测报警及自动灭火系统。

9.5.6 使用和产生易燃易爆物质的房间应根据可燃气体的类型，设置相应的可燃气体探测器。

参考2 《石油化工中心化验室设计规范》（SH/T 3103—2019）

11.3.1 分析化验操作中可能散发可燃气体（蒸气）或有毒气体的场所，应按照 GB/T 50493—2019 的有关规定安装可燃气体检测报警器或有毒气体检测报警器。

小结： 化验室仪器使用氢气需要装可燃气体报警器。

问 224 在装置防爆区内配套的环保设施，需要防爆吗？

答： 防爆区内的环保设施，需要按照防爆要求设置。

环保设施也是工艺装置的一部分，不能因为其是环保治理设施而将其单独分离开。应根据《爆炸性环境》（GB/T 3836—2021）《爆炸危险环境电力装置设计规范》（GB 50058—2014）在爆炸区域范围内进行防爆设置。

181

小结： 防爆区内的环保设施，需要按照防爆要求设置。

问 225 企业环保负责人是否需要持证上岗，是否需要定期推行 LDAR（泄漏检测与修复）工作？

答： 环保负责人持证上岗，未见明确要求，如当地管理部门有明确要求，以当地要求为准。

> **参考** 《挥发性有机物无组织排放控制标准》（ GB 37822—2019 ）

第 8.1 条　企业中载有气态 VOCs 物料、液态 VOCs 物料的设备与管线组件的密封点≥2000 个，应开展 LDAR。

工业企业挥发性有机物泄漏检测与修复的项目建立、现场检测、泄漏修复、质量保证与控制以及报告等技术要求可参考《工业企业挥发性有机物泄漏检测与修复技术指南》（HJ 1230—2021）进行。

小结： 企业环保负责人是否需持证上岗遵循当地管理部门意见，企业中载有气态 VOCs 物料、液态 VOCs 物料的设备与管线组件的密封点≥2000 个，应开展 LDAR。

？

附录

主要参考的法律法规及标准清单

一、法律法规

1.《中华人民共和国安全生产法》（主席令〔2021〕第 88 号修正）

2.《中华人民共和国安全生产法释义》（中国法制出版社，2021.6）

3.《中华人民共和国职业病防治法》（主席令〔2018〕第 24 号修正）

4.《中华人民共和国标准化法》（主席令〔2017〕第 78 号修正）

5.《城镇燃气管理条例》（国务院令第 583 号，第 666 号修正）

6.《危险化学品安全管理条例》（国务院令第 344 号，第 645 号修正）

7.《安全生产许可证条例》（国务院令第 397 号，第 653 号修正）

8.《易制毒化学品管理条例》（国务院令第 445 号，第 703 号修正）

9.《生产安全事故报告和调查处理条例》（国务院令第 493 号）

10.《关于全面加强危险化学品安全生产工作的意见》（中共中央办公厅 国务院办公厅印发，厅字〔2020〕3 号）

11.《国务院安委会办公室关于实施遏制重特大事故工作指南构建双重预防机制的意见》（国务院安委办〔2016〕11 号）

12.《中共中央、国务院关于推进安全生产领域改革发展的意见》（中共中央、国务院 2016 年 12 月 18 日发布）

13.《国务院安委会办公室关于全面加强企业全员安全生产责任制工作的通知》（安委办〔2017〕29 号）

14.《生产安全事故防范和整改措施落实情况评估办法》（安委办〔2021〕4 号）

15.《安全生产治本攻坚三年行动方案（2024—2026）》（安委〔2024〕2 号）

16.《国务院关于调整工业产品生产许可证管理目录加强事中事后监管的决定》（国发〔2019〕19 号）

17.《全国安全生产专项整治三年行动计划的通知》（安委〔2020〕3 号）

二、部门规章

1.《生产经营单位安全培训规定》（国家安全监管总局令第 3 号，第 80 号修正）

2.《安全生产事故隐患排查治理暂行规定》（国家安全监管总局令第 16 号）

3.《生产安全事故信息报告和处置办法》（国家安全监管总局令第

21 号）

4.《建设项目安全设施"三同时"监督管理办法》（国家安全监管总局令第 36 号，第 77 号令修正）

5.《危险化学品重大危险源监督管理暂行规定》（国家安全监管总局令第 40 号，第 79 号修正）

6.《危险化学品生产企业安全生产许可证实施办法》（国家安全监管总局令第 41 号，第 89 号修正）

7.《危险化学品输送管道安全管理规定》（国家安全监管总局令第 43 号，第 79 号修正）

8.《危险化学品建设项目安全监督管理办法》（国家安全监管总局令第 45 号，第 79 号修正）

9.《危险化学品登记管理办法》（国家安全监管总局令第 53 号）

10.《危险化学品经营许可证管理办法》（国家安全监管总局令第 55 号，第 79 号修正）

11.《危险化学品安全使用许可证实施办法》（国家安全监管总局令第 57 号，第 89 号修正）

12.《化学品物理危险性鉴定与分类管理办法》（国家安全监管总局令第 60 号）

13.《安全评价检测检验机构管理办法》（应急管理部令第 1 号）

14.《工贸企业重大事故隐患判定标准》（应急管理部令第 10 号）

15.《工贸企业有限空间作业安全规定》（应急管理部令第 13 号）

16.《关于调整〈危险化学品目录（2015 版）〉的公告》（应急管理部、工业和信息化部、公安部、生态环境部、交通运输部、农业农村部、卫生健康委、市场监管总局、铁路局、民航局，2022 第 8 号）

17.《生产安全重特大事故和重大未遂伤亡事故信息处置办法（试行)》（安监总调度〔2006〕126 号）

18.《关于危险化学品企业贯彻落实〈国务院关于进一步加强企业安全生产工作的通知〉的实施意见》（安监总管三〔2010〕186 号）

19.《国家安全监管总局关于印发危险化学品从业单位安全生产标准化评审标准的通知》（安监总管三〔2011〕93 号）

20.《国家安全监管总局关于加强化工过程安全管理的指导意见》（安监总管三〔2013〕88 号）

21.《国家安全监管总局关于进一步加强化学品罐区安全管理的通知》（安监总管三〔2014〕68号）

22.《国家安全监管总局关于加强化工企业泄漏管理的指导意见》（安监总管三〔2014〕94号）

23.《国家安全监管总局办公厅关于印发〈危险化学品目录（2015版）实施指南（试行）〉的通知》（安监总厅管三〔2015〕80号）

24.《国家安全监管总局关于加强精细化工反应安全风险评估工作的指导意见》（安监总管三〔2017〕1号）

25.《化工和危险化学品生产经营单位重大生产安全事故隐患判定标准（试行）》（安监总管三〔2017〕121号）

26.《安全生产责任保险实施办法》（安监总办〔2017〕140号）

27.《危险化学品生产储存企业安全风险评估诊断分级指南（试行）》（应急〔2018〕19号）

28.《应急管理部关于全面实施危险化学品企业安全风险研判与承诺公告制度的通知》（应急〔2018〕74号）

29.《危险化学品企业安全风险隐患排查治理导则》（应急〔2019〕78号）

30.《化工园区安全风险排查治理导则》（应急〔2023〕123号）

31.《应急管理部办公厅关于扎实推进高危行业领域安全技能提升行动的通知》（应急厅〔2020〕34号）

32.《危险化学品企业安全分类整治目录（2020年）》（应急〔2020〕84号）

33.《应急管理部办公厅关于印发〈有限空间作业安全指导手册〉和4个专题系列折页的通知》（应急厅函〔2020〕299号）

34.《企业安全生产标准化建设定级办法》（应急〔2021〕83号）

35.《危险化学品生产建设项目安全风险防控指南（试行）》（应急〔2022〕52号）

36.《生产安全事故调查报告编制指南（试行）》（应急厅〔2023〕4号）

37.《工贸企业有限空间重点监管目录》（应急厅〔2023〕37号）

38.《应急管理部 人力资源和社会保障部 教育部 财政部 国家煤矿安全监察局关于高危行业领域安全技能提升行动计划的实施意见》（应急〔2019〕107号）

39.《应急管理部关于印发〈生产安全事故统计调查制度〉和〈安全生产行政执法统计调查制度〉的通知》（应急〔2023〕143号）

40.《化工企业生产过程异常工况安全处置准则（试行)》（应急厅〔2024〕17号）

41.《合成氨企业安全风险隐患排查指南》（应急管理部2024年）

42.《危险化学品生产使用企业老旧装置安全风险评估指南（试行)》（2022年应急管理部危化监督一司，2022年2月23日）

43.《危险化学品重大危险源企业专项检查督导工作指南》（征求意见稿）（2021年应急管理部危化监管一司）

44.《关于印发的〈2021年危险化学品安全培训网络建设工作方案〉等四个文件的通知》（应急危化二〔2021〕1号）

45.《注册安全工程师分类管理办法》（安监总人事〔2017〕118号）

46.《危险化学品重点县专家指导服务手册》（2021年国务院安委办危险化学品重点县专家指导服务协调组）

47.《危险化学品使用量的数量标准（2013年版)》（国家安全监管总局 公安部 农业部2013年第9号）

48.《防雷减灾管理办法》（中国气象局令第20号，第24号修改）

49.《工作场所职业卫生管理规定》（国家卫生健康委员会令第5号）

50.《特种设备作业人员监督管理办法》（国家质量监督检验检疫总局令第70号，第140号修改）

51.《特种作业人员安全技术培训考核管理规定》（国家安全监督管理总局令第30号，第80号修正）

52.《特种设备事故报告和调查处理规定》（国家市场监督管理总局令第50号）

53.《特种设备安全监督检查办法》（国家市场监督管理总局令第57号）

54.《国家标准管理办法》（国家市场监督管理总局令第59号）

55.《中华人民共和国工业产品生产许可证管理条例实施办法》（国家市场监督管理总局令第61号修订）

56.《市场监管总局关于公布工业产品生产许可证实施通则及实施细则的公告》〔2018年第26号〕

57.《交通运输部关于修改〈水上交通事故统计办法〉的决定》（交通运输部令〔2021〕第23号）

58.《普通高等学校本科专业目录（2024年版)》

59.《企业安全生产费用提取和使用管理办法》（财资〔2022〕136)

60.《推荐性国家标准采信团体标准暂行规定》（国标委发〔2023〕39号)

61.《危险性较大的分部分项工程安全管理规定》（住房和城乡建设部令第37号，第47号修正)

62.《易制爆危险化学品治安管理办法》（公安部令第154号)

63.《关于印发中小企业划型标准规定的通知》（工信部联企业〔2011〕300号)

64.《中央企业安全生产监督管理办法》（国有资产监督管理委员会令第44号)

65.《最高人民法院 最高人民检察院关于办理危害生产安全刑事案件适用法律若干问题的解释》（法释〔2015〕22号)

66.《统计上大中小微型企业划分办法（2017)》（国统字〔2017〕213号)

三、国家标准

1.《头部防护 安全帽》（GB 2811—2019)

2.《安全标志及其使用导则》（GB 2894—2008)

3.《高处作业分级》（GB/T 3608—2008)

4.《工业企业厂内铁路、道路运输安全规程》（GB 4387—2008)

5.《国民经济行业分类（第1号修改单)》（GB/T 4754—2017)

6.《坠落防护 安全带》（GB 6095—2021)

7.《企业职工伤亡事故分类》（GB 6441—1986)

8.《焊接与切割安全》（GB 9448—1999)

9.《防护服装防静电服》（GB 12014—2019)

10.《职业安全卫生术语》（GB/T 15236—2008)

11.《危险化学品仓库储存通则》（GB 15603—2022)

12.《深度冷冻法生产氧气及相关气体安全技术规程》（GB 16912—2008)

13.《危险化学品重大危险源辨识》（GB 18218—2018)

14.《危险废物贮存污染控制标准》（GB 18597—2023)

15.《高处作业吊篮》（GB/T 19155—2017)

16.《爆炸性环境用气体探测器 第2部分：可燃气体和氧气探测器的选型、安装、使用和维护》（GB/T 20936.2—2024）

17.《头部防护 安全帽选用规范》（GB/T 30041—2013）

18.《危险化学品企业特殊作业安全规范》（GB 30871—2022）

19.《危险化学品企业特殊作业安全规范》（GB 30871—2022）应用问答（中国化学品安全协会主编）

20.《防雷装置检测服务规范》（GB/T 32938—2016）

21.《企业安全生产标准化基本规范》（GB/T 33000—2016）

22.《重大火灾隐患判定方法》（GB 35181—2017）

23.《挥发性有机物无组织排放控制标准》（GB 37822—2019）

24.《升降工作平台安全规则》（GB 40160—2021）

25.《职业健康安全管理体系 要求及使用指南》（GB/T 45001—2020）

26.《建筑设计防火规范》（GB 50016—2014，2018年版）

27.《冷库设计标准》（GB 50072—2021）

28.《汽车加油加气加氢站技术标准》（GB 50156—2021）

29.《石油化工企业设计防火标准》（GB 50160—2008，2018年版）

30.《化工建设项目环境保护工程设计标准》（GB/T 50483—2019）

31.《石油化工建设工程施工安全技术标准》（GB/T 50484—2019）

32.《石油化工可燃气体和有毒气体检测报警设计标准》（GB/T 50493—2019）

33.《民用建筑设计术语标准》（GB/T 50504—2009）

34.《建筑施工脚手架安全技术统一标准》（GB 51210—2016）

35.《精细化工企业工程设计防火标准》（GB 51283—2020）